高等院校民航服务专业系列教材

民用航空客舱设备教程
（第2版）

周为民　苗俊霞　车云月　主　编
杨桂芹　刘茗翀　马　静　陈晓洁　副主编

清华大学出版社
北　京

内 容 简 介

本书根据航空专业学生的需求，介绍了波音737-800型飞机、空客A320型飞机及应急设备的相关知识。本书共分为3章28节。第一章主要介绍了波音737-800型飞机的外形构造、相关数据、客舱设备、厨房设备、卫生间设备、乘务员控制面板使用方法。第二章针对空客A320型飞机，主要介绍了与波音737-800型飞机的差异，如舱门构造与使用、乘务员控制面板、内话广播系统等。第三章主要介绍了通用应急设备的种类、作用、使用方法和注意事项。

本书内容全面，讲解细致，图文并茂，通俗易懂，对于初次接触航空知识的学生具有较好指导作用。在每章的后面编写了有针对性的练习题，便于帮助学生抓住重点，巩固知识，有效地掌握这门学科。

本书适合高等学院民用航空专业的学生使用。

本书封面贴有清华大学出版社防伪标签，无标签者不得销售。
版权所有，侵权必究。举报：010-62782989，beiqinquan@tup.tsinghua.edu.cn。

图书在版编目(CIP)数据

民用航空客舱设备教程/周为民，苗俊霞，车云月主编. —2版. —北京：清华大学出版社，2020.1
(2024.8重印)
高等院校民航服务专业系列教材
ISBN 978-7-302-54200-1

Ⅰ.①民… Ⅱ.①周… ②苗… ③车… Ⅲ.①民用航空—客舱—设备—高等学校—教材 Ⅳ.①V223

中国版本图书馆CIP数据核字(2019)第256429号

责任编辑：杨作梅
封面设计：杨玉兰
责任校对：李玉茹
责任印制：丛怀宇

出版发行：清华大学出版社
网　　址：https://www.tup.com.cn，https://www.wqxuetang.com
地　　址：北京清华大学学研大厦A座　　邮　编：100084
社 总 机：010-83470000　　邮　购：010-62786544
投稿与读者服务：010-62776969，c-service@tup.tsinghua.edu.cn
质量反馈：010-62772015，zhiliang@tup.tsinghua.edu.cn
课件下载：https://www.tup.com.cn，010-62791865

印 装 者：三河市人民印务有限公司
经　　销：全国新华书店
开　　本：185mm×260mm　　印　张：12.75　　字　数：300千字
版　　次：2014年6月第1版　2020年1月第2版　　印　次：2024年8月第11次印刷
定　　价：49.00元

产品编号：082700-01

高等院校民航服务专业系列教材
编审委员会

主　　任：梁秀荣（中国航协飞行与乘务委员会高级顾问）

副 主 任：徐小搏（北京东方通航教育科技有限公司总经理）

主任委员：

　　　　　周为民（原中国国际航空股份有限公司培训部教员、国家乘务技术职能鉴定考评员、国家级高级乘务员）

　　　　　杨桂芹（原中国国际航空股份有限公司主任乘务长、国家级高级乘务员）

　　　　　苗俊霞（原中国国际航空股份有限公司培训部教员、国家乘务技术职能鉴定考评员、国家级乘务技师）

　　　　　刘茗翀（原中国国际航空股份有限公司乘务长、海南航空乘务训练中心教员、国家级高级乘务员）

　　　　　马　静（原中国国际航空股份有限公司主任乘务长、国家高级乘务员）

高等院校民航服务专业系列教材
编写指导委员会

总策划：车云月

主　任：王　涛

副主任：李海东　姜琳丽　霍巧红

委　员：周　贤　郭　卫　陈倩羽　徐颖丽　王瑞亮

　　　　　郭　峰　姚庆海　李　杨　杨　峰

前　言

　　为了提高高校航空专业的教学质量，弥补航空专业教材的不足，根据航空专业岗位的特殊需求，经过几位专家的共同努力，特编写了民航系列教材之一的《民用航空客舱设备教程(第2版)》。这本书专业性、实操性很强，具有实用价值。对航空专业学生未来入职航空公司、快速适应航空公司发展的需求，有着直接的指导意义和帮助。

　　本书是以波音737-800型飞机和空客A320型飞机作为主要机型。本书分成3个章节进行编写，完整地介绍了波音737-800型飞机的客舱设备和使用方法，着重介绍了空客A320型飞机客舱设备差异部分，全面介绍了飞机上通用的应急设备的操作方法和作用。

　　为了便于理论与实操教学，提高学生的理解能力、操作能力，我们采集了大量真实图片，穿插在各个章节之中，用图文并茂的形式，帮助学生更好地理解课程内容，达到学以致用的教学目的。在每个章节后面设置了练习题，便于学生思考问题、抓住重点、巩固所学知识。

　　本书是由周为民、苗俊霞、杨桂芹等几位从事民航领域飞行工作30多年的权威专家，以及具有国内外多家航空公司飞行经验的刘茗翀先生共同完成。编者为民航教学资深培训教官，获得中国航协、国际航协IATA教员资质，在高等学院进行过多次航空专业专题讲座、授课，具备丰富的教学经验和实训教学经验。

　　今后我们还会陆续编写内容更加经典、更加专业、更加实用的系列教材。

　　由于编者水平所限，不足之处恳请各位专家、各专业院校教师和同学们批评、指正。我们将不胜感谢，并将及时修正。

编　者

目　录

第一章　波音737-800型飞机 1

第一节　飞机综述 2
一、飞机外观 2
二、货舱 3
三、提供服务 3
四、波音737-800型飞机的基本数据 4
五、发动机 5
六、APU 5
七、电源 5
八、气压 6
九、客舱温度 6

第二节　舱内设备 7
一、驾驶舱 7
二、客舱布局 8
三、行李箱 9
四、乘客服务组件 11
五、观察窗和遮光板 11
六、乘客座椅 12
七、门帘、隔板 16
八、婴儿摇篮 17
九、书报架 18
十、衣帽间、储物柜 18
十一、乘务员座椅 19
十二、机上客舱服务设备中、英文名称对照表 20

第三节　厨房设备 21
一、供应品备份箱 21
二、烤箱、烤炉架 22

三、煮水器 27
四、烧水杯 28
五、煮咖啡器 29
六、餐车 31
七、垃圾箱 34
八、厨房配电板 34
九、冷风机 35
十、水系统 35
十一、使用厨房设备注意事项 36

第四节　卫生间设备 38
一、卫生间设备介绍 38
二、卫生间服务用品介绍 38
三、马桶 39
四、卫生间热水器 39
五、垃圾箱 41
六、自动灭火装置 41
七、卫生间呼叫 42
八、卫生间服务标识 42
九、卫生间门闩 43
十、烟雾探测器 44

第五节　舱门 45
一、舱门结构 45
二、操作滑梯 48
三、舱门操作 48
四、内部关闭舱门 49
五、从外部打开、关闭舱门 50
六、滑梯预位与解除滑梯预位在飞行中的作用 51

第六节　自备梯 54
一、自备梯的构成 54
二、自备梯的操作方法 54

第七节　乘务员控制面板 56
一、L1门控制面板 57
二、L2门控制面板 58

第八节　呼叫系统 61
　　一、呼叫系统的分类 62
　　二、呼叫显示和解除方法 62
第九节　内话机及客舱广播 63
　　一、内话机的使用方法 63
　　二、客舱广播 64
　　三、飞机上客舱广播的优先等级 64
第十节　音频系统 65
　　一、音频面板介绍 66
　　二、操作程序 66
　　三、注意事项 67
　　四、播音等级 67
第十一节　视频播放 67
　　一、直接放映 68
　　二、伸缩式屏幕 69
　　三、预放电视节目(不对客舱播放) 69
　　四、录像机(VCP)使用 70

第二章　空客A320型飞机 73
第一节　空客A320型飞机基本数据 74
　　一、基本数据 74
　　二、客舱布局 75
第二节　空客A320型飞机舱门 77
　　一、舱门结构 77
　　二、滑梯分离器 78
　　三、观察窗 79
　　四、阵风锁 80
　　五、舱门锁定指示器 80
　　六、滑梯预位操作 81
　　七、舱门操作 82
　　八、阻拦绳 84
第三节　内话机及客舱广播系统 85
　　一、空客A320-AIP信息显示面板 85
　　二、内话机 86

第四节　空客A320型飞机呼叫显示系统 ... 89
一、呼叫系统 ... 89
二、呼叫显示面板 ... 91

第五节　乘务员控制面板 ... 93
一、触摸式控制面板 ... 94
二、液晶显示控制面板 ... 100

第三章　应急设备 ... 111

第一节　灭火设备 ... 112
一、手提式水灭火瓶 ... 112
二、手提式海伦灭火瓶 ... 113
三、卫生间灭火装置 ... 115
四、卫生间烟雾报警装置 ... 116
五、防烟面罩(PBE) ... 117
六、防烟眼镜 ... 119
七、防火衣 ... 120
八、救生斧 ... 120
九、石棉手套 ... 121

第二节　机上供氧系统 ... 121
一、氧气面罩 ... 122
二、供氧方式 ... 123

第三节　机上应急医疗药箱和急救药箱 ... 131
一、应急医疗药箱 ... 131
二、急救药箱 ... 132

第四节　机上安全带 ... 134
一、乘客安全带种类和使用 ... 134
二、乘务员安全带种类和使用 ... 135

第五节　应急照明 ... 137
一、应急灯照明 ... 137
二、应急灯操作 ... 138
三、手电筒使用 ... 139

第六节　救生衣 ... 140
一、救生衣结构 ... 141
二、救生衣的种类和使用 ... 142

  三、安全演示包 144

第七节　麦克风 145

第八节　应急发报机 146

  一、应急发报机结构 147

  二、陆地使用方法 147

  三、水中使用方法 148

  四、注意事项 149

第九节　救命包 150

  一、认识救命包内物品 151

  二、设备使用方法 151

第十节　地板高度出口和非地板高度出口 160

  一、波音737-800型飞机地板高度出口和非地板高度出口的使用 161

  二、空客A320型飞机地板高度和非地板高度出口 164

第十一节　圆形救生船 171

  一、波音737-800型飞机圆形救生船数据 171

  二、圆形救生船结构 171

  三、圆形救生船设备的使用方法 172

  四、圆形船的使用方法 173

  五、注意事项 173

第十二节　思考与分析 174

  一、根据飞机着陆情况选择应急出口撤离 174

  二、在乘客登机前应检查应急设备 176

  三、应急设备分布 177

附录A　波音737简介及知识拓展 179

附录B　空客简介及知识拓展 187

第一章
波音 737-800 型飞机

　　波音 737 系列飞机是美国波音公司生产的一种中短程双发喷气式客机。波音 737 自投产以来 40 余年销路长久不衰，波音 737 成为民航历史上最成功的窄体民航客机系列之一，至今已发展出 9 个型号，初期研发的 737 系列有 737-100/-200、737-300/-400/-500，后期新一代有 737-600/-700/-800/-900。

　　1993 年 11 月，波音启动波音 737-700 项目研发，直接取代了波音 737-300。

　　1994 年 9 月 5 日，波音再次启动 737-800 项目研发，在波音 737-700 的基础上加长机身，直接取代波音 737-400。至今，该机型依然深受各大航空公司的青睐，它的销售量已经达到 600 架。

　　波音 737 主要针对中短程航线的需要，具有性能可靠、简捷，运营和维护成本较经济的特点，但是不适合远航飞行。本章将详细为大家介绍该机型的各种设备和使用方法。

第一节 飞机综述

在本节中将学习飞机外观总体结构，了解飞机机头、机身、机翼和机尾的组成以及飞机服务系统和飞机的相关数据。

一、飞机外观

从飞机外部看，它是由机头、机身、机翼、起落架和机尾组成的。

机头部分主要是驾驶舱，它是飞机飞行控制中心，是机长、副驾驶和观察员所在的工作区域。

机身分为上、下两部分，上部分是客舱，下部分是货舱和电器舱、起落架。主起落架位于机翼下，朝机身中线方向收缩，前起落架朝前向机身内收缩。

机翼位于机身的两侧，大翼：下单翼、上反角、后掠式，整个机翼由缝翼、襟翼、副翼、减速板、扰流板组成。它们在飞行中起辅助控制作用。在飞机上配备有油箱，专为飞机提供燃料。

起落架：前三点式，主起落架为两柱式，每柱两轮，前起落架两轮。

机尾由垂直尾翼和水平尾翼组成，尾翼：低水尾、单垂尾。它们又分成了方向舵、升降舵和安定向。

要想使飞机飞行，需要提供动力。飞机的动力主要由发动机提供，它们位于机翼下或机尾。在飞机尾部还装有辅助动力装置(APU)，当飞机在地面没有外接电源、发动机不工作的情况下，它可为飞机提供电源。当飞机在空中出现发动机故障时，它可作为辅助电源，但是它并不产生推力。

飞机的起落架和发动机位置，如图1-1所示。

图1-1 飞机的起落架和发动机位置

二、货舱

(1) 货舱组成：前货舱、后货舱和散货舱。

(2) 货舱为窒息式增压舱。

(3) 集装箱。

(4) 货盘。

三、提供服务

(1) 牵引车。牵引车属于航空特种车辆，是四轮驱动的，它是利用柴油发动机产生动力牵引飞机缓缓移动，起拖动作用，如图 1-2 所示。

图 1-2　牵引车

(2) 飞机左侧。在机场，飞机的左侧连接廊桥、客梯车、加油车、托运行李传送带车辆等，如图 1-3 所示。

图 1-3　乘客上下飞机的廊桥、客梯车

(3) 飞机右侧。在机场，飞机的右侧连接食品车、清洁车、小平台车、货车、行李拖车、电源车、空调车、卫生间服务车（排除卫生间马桶污水特种车辆）。

清水和排水系统位于飞机的地板下方，可以为整个航程提供净水，并且排除污水。净水系统由净水箱为厨房设备和卫生间洗手池提供净水。产生的废水经过加热、净化后直接排出机外。马桶里的污水是一个独立的储存系统，可循环使用。当飞机降落后，由负责卫生间的服务车排除。为了随时掌握飞机供水储存量和马桶污水使用状况，在 L2 门乘务员控制面板上分别设有两个水表，可供乘务员随时检测和检查。

四、波音 737-800 型飞机的基本数据

1. 几何数据

波音 737-800 型飞机的几何数据如图 1-4 所示。

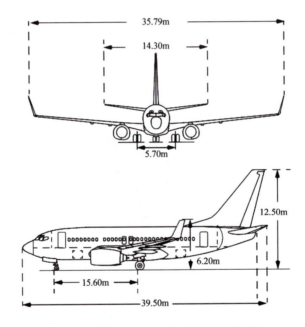

图 1-4　波音 737-800 型飞机的几何数据

(1) 机长：39.5m。

(2) 机高：12.5m。

(3) 翼展（不带翼梢小翼）：34.4m；（带翼梢小翼）：35.79m。

(4) 客舱宽度：3.53m。

(5) 座位数：典型两级客舱布局 159 人 /162 人。

(6) 典型单级客舱布局 189 人。

2. 飞机性能数据

(1) 最大巡航高度：12400m。

(2) 最大飞行高度：41000 英尺 (12300m)。

(3) 最大航程：3200 海里 (5926.4km)。

(4) 巡航速度：0.785 马赫 (848km/h)。

(5) 最大速度：0.82 马赫 (880km/h)。

(6) 空重：41413kg(91300 磅)。

(7) 最大起飞重量：78245kg(172500 磅)。

(8) 最大着陆重量：66360kg(146298 磅)，65317kg(不带翼梢小翼)。

(9) 最大滑行重量：174698 磅。

(10) 最大载油量：26025L(46067 磅)。

(11) 起飞场长：2027m。

(12) 着陆场长：1327m。

(13) 动力装置：两台 CFM56-7B 涡扇发动机 (最大推力：27300 磅)。

五、发动机

(1) 生产厂家：国际合作 (由法国 Snecma 与美国 GE 公司合作)。

(2) 型号：CFM56-7。

(3) 单台推力：26000 磅 (1b，1lb ≈ 0.454kg)。

(4) 特点：满足单发满载起飞。

六、APU

(1) 中文全称：辅助电源设备 (Auxiliary Power Unit，APU)。

(2) 位置：安装在机尾部的一台涡轮喷气式发动机。

(3) 作用。

① 在飞机没有外接电源、发动机也不工作的情况下，向飞机提供电力。飞机停在地面的时候可以为飞机供电和供气。

② 在空中它可以作为发动机的备份电源，这时它并不产生推力。

七、电源

1. 来源

(1) 地面外接电源：电源车。

(2) 发动机内的发电机。

(3) APU。

2. 电压

客舱、厨房、卫生间内用的电压为 115V 交流电。当飞机在空中出现单发停车时,飞机厨房内的电源会自动切断。

八、气压

气压是随着飞机高度的变化而变化的,飞机在高空中飞行时,为了保证飞机上人员在高空中的生存需求,飞机客舱采用的是密封增压结构。

1. 密封的飞机

密封的飞机客舱叫密封舱。

2. 增压

(1) 空气来源:飞机外围大气层。

(2) 增压途径:外界空气通过发动机内的压气机,经压缩加压、降温、过滤等一系列复杂的过程后才被输入客舱。

(3) 压力:飞机从地面起飞升空,随着高度变化,气压也随之发生变化。当飞机达到最高升限 11300m 时,客舱内的气压相当于高度是 2500m 的气压。

① 客舱内的气压高度叫客舱高度。

② 当飞机在升限 11300m 时,客舱高度为 2500m 左右。

(4) 排气:通过后舱的弹簧式排气阀自动排出。

(5) 循环过程:由驾驶舱开始,通过客舱顶部及两侧的空调管路,到后舱排出,约 10min 完成一次循环。

九、客舱温度

(1) 温度调节器。在驾驶舱内,由飞行员控制调节。

(2) 客舱温度感应器位于前客舱牛鼻板处。

(3) 温度调节范围为 18～29℃,由驾驶舱控制调节。

(4) 白天飞行通常调节到 20～22℃,夜间飞行通常调节到 22～24℃。

练习题

1. 波音公司总部位于美国哪座城市？
2. 波音737-800型飞机大翼的特点是什么？
3. 牵引车是飞机在什么状态下使用的？
4. 波音737-800型飞机机长、机高、翼展分别是多少米？
5. 波音737-800型飞机巡航高度、最大巡航速度分别是多少千米？
6. APU是指飞机的什么设备？它的作用有哪些？
7. 什么是飞机座舱高度？
8. 波音737-800型飞机在飞行中由谁调控客舱温度？
9. 白天飞行和夜间飞行客舱温度分别调节到多少摄氏度为宜？
10. 波音737-800型飞机从外部看分别由哪几部分组成？

第二节 舱内设备

新一代波音737-800型的客舱采用了波音777飞机的设计，在客舱天花板使用更加平滑的弧线形，提升了整体客舱的环境和美感。具有全数字化的驾驶舱，仪表板采用了最新的大型显示屏，客舱布局、内饰、灯光、服务设施、厨房、卫生间都体现出了合理性和舒适性。

一、驾驶舱

按照国际民航组织机组人员配置惯例，波音737-800型飞机为两人制，一名带队机长，一名副驾驶，根据工作需要可增配一名观察员，如图1-5所示。

图1-5 驾驶舱

1. 驾驶舱应急设备

驾驶舱应急设备包括氧气调节器及面罩、无线电耳机、救生衣、灭火瓶、防烟镜、逃离窗、迫降斧（消防斧）。

2. 驾驶员座椅和安全带

（1）驾驶员座椅：座椅位置、扶手高度和靠背都是可调的。

（2）安全带：是高强度五点式，使人能承受飞行、迫降（水上和陆地）过程中的过载，并能迅速打开。

（3）观察员座椅：位于驾驶舱门前过道侧边，为折叠式，由椅盘、靠背和安全带组成。

二、客舱布局

波音 737-800 型飞机是一架中短程、单通道窄体客机，机身一排可以容纳 6 个座位，多用于国内航线飞行，如图 1-6 所示。

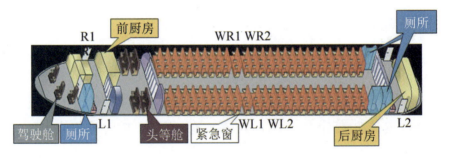

客舱布局	数量	舱位排序	舱位等级	座位数量	座位排序
机门 紧急窗口	4 4	A	F	8	1~2
卫生间	4	B	Y	159	11~37
厨房	2	乘务员 6人		座位总数 167	

图 1-6　客舱布局

（1）飞机舱门：4 个。

（2）翼上应急出口：4 个。

（3）货舱门：2 个。

（4）舱位等级：头等舱、普通舱。

（5）卫生间：3 个（前舱 1 个，后舱 2 个）或 4 个（前舱 1 个，后舱 3 个）。

（6）厨房：2 个。

(7) 衣帽间：1个。

(8) 储物柜：5个。

(9) 隔板。

(10) 摇篮插孔：2处。

(11) 门帘：4处。

(12) 乘务员座席：6个。

(13) 视频电视：1组。

三、行李箱

(1) 行李箱位于客舱两侧：乘客座椅上方，开启和关闭行李架为盖板式，用于乘客放置行李物品，个别行李架存放机上部分应急设备，如图1-7所示。

图1-7　行李箱

(2) 扶手槽：位于打开行李箱手柄下方边缘处，当在客舱行走遇有颠簸时，具有帮助人的身体保持平衡的作用，如图1-8所示。

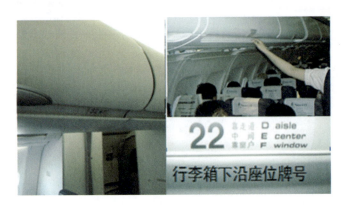

图 1-8 行李箱下方的扶手槽

(3) 根据民用航空运输的相关规定,行李箱上方不可放置过大、过重的物品,对每件行李的尺寸大小和重量均有相应的要求。

(4) 不可放置光滑、尖锐、坚硬、易泄漏的物品。

(5) 行李不可叠放,移动物品必须固定。

(6) 取放完物品后,必须随手盖好锁定盖板,不得有物体外露。

案例 1-1 "行李箱已满引发纠纷"

2012年3月,HU5939航班杭州—北京航班。两位持有头等舱机票的"金卡"乘客登上飞机后,发现自己座位上方行李箱已放满,要求乘务员帮助安排随身携带的点心盒及其他行李。乘务员没有及时、合理地回应乘客,而是直接把乘客的点心盒安排在了乘客座椅的下方,造成乘客不满、情绪激动,将其座位上方行李箱内的东西全部取出后扔在了地上。被扔下的东西正好碰到了乘务员的腿部,此时乘务员没有及时化解矛盾、解决问题,而是直接向机长报告"有乘客闹事",要求地面公安人员上机处理。后来乘客被民警带下了飞机,拘押达7个小时,导致乘客愤然投诉。

点评分析:

(1) 当乘客无法安排行李,找到乘务员求助时,乘务员处理得很随意。感觉有地方放就可以了,没有考虑乘客的感受——吃的东西放在脚下是否合适?如果是自己的食品会放在脚下吗?

(2) 正因为乘务员的安排不合理,引发了后来乘客情绪激动、行为失控,反映出乘务员在服务中缺少人性化的服务,缺少心理服务,不懂得乘客心理需求,没有站在乘客角度考虑问题和处理问题。

(3) 虽然乘务员没有与乘客发生正面冲突,但最后导致事态升级,该乘客把其座位上方行李箱内的东西全部扔出来,乘务员没有积极想办法化解矛盾,解决问题,既没有做解释,又没有后续服务的补救,而是直接报告机长,把原本简单的问题复杂化了。

四、乘客服务组件

在每一排座椅上方备有一套乘客服务组件(Passenger Service Unit，PSU)，即通风孔、阅读灯开关、呼叫按钮和一组信号指示牌(Passenger Information Unit，PIU)及扬声器、氧气面罩储藏面板，如图1-9所示。

图1-9 乘客服务组件

(1) 通风孔：可以调节空气，使用时转动通风孔。

(2) 阅读灯开关：为乘客阅读刊物时使用。

(3) 呼叫按钮：当乘客需要乘务员帮助时，可按压座椅上方的呼叫按钮。

(4) 信号指示牌(PIU)："请勿吸烟、系好安全带"信息提示牌，开关在驾驶舱，每次开或关均会发出单低谐音。

(5) 扬声器：收听客舱广播。

(6) 氧气面罩储藏面板：座椅上方存放4个氧气面罩，一旦客舱出现释压时可使用。

五、观察窗和遮光板

(1) 观察窗：位于客舱两侧壁板上，每个观察窗间隔50cm，上缘与乘客视线平行，由3层玻璃(材料均为丙烯酸纤维)和遮光板组成。里面一层为有机玻璃，防止碰撞；外面两层为抗压玻璃；中间一层抗压玻璃上有小通气孔。外层窗户和中层窗户属于结构窗户，内层窗户属于保护罩。

(2) 遮光板：供乘客休息或观看飞机外部景色，遇紧急情况时可判断外部环境状况。

(3) 遮光板开关方法：根据乘客个人需求，打开遮光板时向上拉动，可以停留在任意高度。但是当飞机起飞、下降时必须全部打开，如图1-10所示。

注意： 紧急窗遮光板向下拉动是打开。

图 1-10　遮光板

六、乘客座椅

(1) 座椅头枕。普通舱座椅备有头枕,可供乘客休息时使用,头枕的两端可以随着个人舒适度的需求调节任意角度,如图 1-11 所示。

图 1-11　座椅头枕

(2) 安全带。在座椅上面有两条可以对扣起来的安全带,当飞机起飞、下降、空中遇颠簸、紧急迫降时需要系好安全带,如图 1-12 所示。

图 1-12　乘客座椅安全带

注意： 飞机起飞巡航、下降时，空座位上所有的安全带都要扣好。

（3）座椅靠背调节按钮。在座椅扶手上备有座椅靠背调节按钮，当按下按钮时，座椅靠背可以向后倾斜15°；再按一次座椅靠背复位收回；飞机起飞 / 下降、应急撤离时需要系好安全带，调直座椅靠背，如图1-13所示。

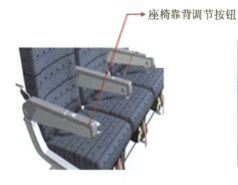
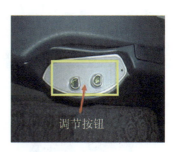

图1-13　座椅靠背调节按钮

注意： 位于紧急窗口旁边的座椅靠背不可以调节，一旦发生紧急情况，便于快速撤离，如图1-14所示。

图1-14　应急窗口座椅

（4）桌板。在每一个座椅背后备有一个小桌板（见图1-15），供乘客用餐时使用，当飞机起飞或下降、空中遇有颠簸、紧急撤离时，需要收起、扣好小桌板。

注意： 经济舱第一排、应急出口座位、头等舱小桌板位于扶手内。

（5）座椅口袋。每个座椅后背备有一个口袋，放置航空公司宣传杂志、安全须知卡、报纸、清洁袋、耳机等物品，如图1-16所示。

图 1-15　经济舱小桌板

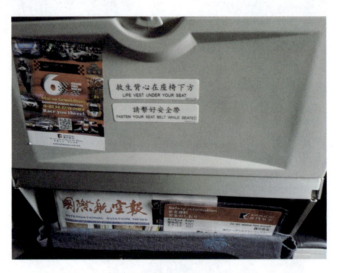

图 1-16　座椅背后口袋

(6) 扶手和坐垫。座椅扶手可以抬起,使 3 个座椅可以并排供担架乘客或生病的乘客使用。水上撤离时座椅坐垫可作为漂浮物,如图 1-17 所示。

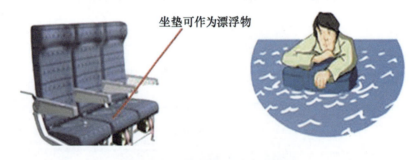

图 1-17　座椅坐垫可作为漂浮物

(7) 阻拦杆。在经济舱座椅下方备有阻拦杆,适用于乘客放置行李、飞机起飞和下降防止行李移动，起到固定的作用，如图1-18所示。

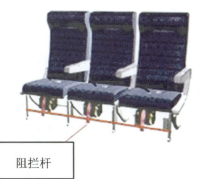

图1-18 阻栏杆

(8) 头等舱座椅小桌板、杯托板、脚踏板，如图1-19所示。头等舱共有8个座椅，每个座椅要比经济舱座椅宽大舒适。小桌板设计为折叠式，储藏在扶手内，并在扶手上配置一套独立自控服务设施（音频、视频、座椅调节按钮）。另外，增配放置茶杯的杯托板、脚踏板在休息时使用。这些小桌板、杯托板及脚踏板在飞机起飞、下降、应急撤离时需要收回。

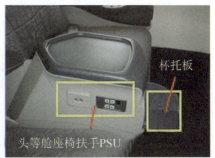

图1-19 头等舱座椅小桌板、杯托板、脚踏板

(9) 在每位乘客座椅下方或座椅扶手旁口袋内，均备有一件救生衣，用于海上撤离逃生时使用，如图 1-20 所示。

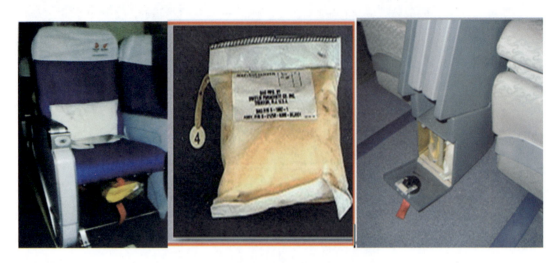

图 1-20　救生衣

七、门帘、隔板

每个舱位之间设置有一块门帘和隔板（见图 1-21），起到隔离分舱作用。在隔板上有观察窗，便于乘务员通过观察窗，观察客舱状况。前部第一排隔板上设有乘客的口袋及摇篮插孔；后部隔板上悬挂固定应急设备。飞机起飞、下降、紧急撤离时需要将门帘收起、扣好。

图 1-21　门帘、隔板

图 1-21　门帘、隔板（续）

八、婴儿摇篮

（1）婴儿摇篮存放在前舱衣帽间内，在空中飞行时供婴儿使用。

（2）设施组成：框架、盖布、插销 2 个、支架、摇篮底部。

（3）使用方法。

① 拿住婴儿摇篮框架有插销的一边。

② 将框架上的插销分别插入客舱壁板插孔内。

③ 支开摇篮，使底部支架支撑在隔板上。

④ 在摇篮内铺上枕头或毛毯以及棉织物品。

（4）注意事项。

① 插销无论是插入还是拔出时，都需要按住顶部释放钮。

② 摇篮插好后必须确认坚固完好。

③ 收回前必须认真检查有无乘客的物品，如奶瓶、奶嘴、婴儿玩具等。

④ 婴儿摇篮只能在飞机平飞后使用，下降前必须取下收回。

婴儿摇篮如图 1-22 所示。

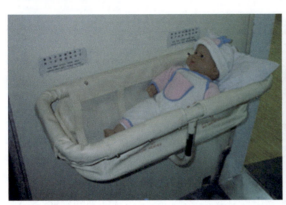

图 1-22 婴儿摇篮

九、书报架

书报架用来摆放机上阅读刊物,可供乘客自由选择;机上所有书刊在乘客登机之前需要经过整理,整齐地摆放在书报架内。书报架如图 1-23 所示。

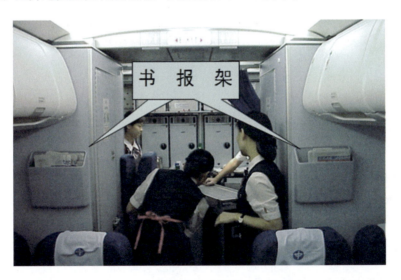

图 1-23 书报架

十、衣帽间、储物柜

在飞机前舱备有一个衣帽间和储物柜,如图 1-24 所示。衣帽间为头等舱乘客挂放衣物、存放婴儿摇篮使用;储物柜用来存放应急设备和服务用品。每个衣帽间里都有照明灯。

注意: 开启使用后一定将门关闭、扣好。

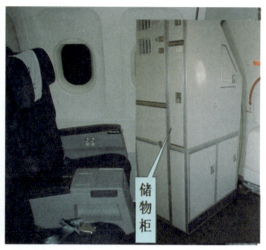

图 1-24　衣帽间和储物柜

十一、乘务员座椅

波音 737-800 型飞机共有 6 个乘务员座椅，均为双人座椅，如图 1-25 所示。其特点是由弹跳式座席，肩带、腰带束紧式安全带，防冲撞头垫组成。乘务员在飞机起飞、下降、滑行时需要回到自己的座位上并系好安全带。

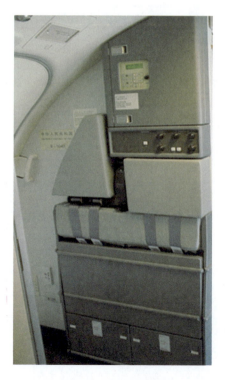

图 1-25　乘务员座椅

十二、机上客舱服务设备中、英文名称对照表

为了便于大家更好地学习和掌握机上设备名称和英文表达方式,特此设置一份机上客舱服务设备名称中、英文对照表,供大家学习、参考,如表 1-1 所示。

图 1-1　客舱服务设备名称中、英文对照表

客舱	cabin	厨房	galley
座椅靠背	seat back	食品箱	container
座椅扶手	armrest	抽屉	drawer
座椅背后口袋	seat pocket	厨房电源	galley-power
小餐桌	seat table	照明	area light
烟灰缸	ash tray	烧水杯	hot cup
衣帽间	closet	冷风机	air chiller
呼叫按钮	call button	保温箱	warming cabinet
阅读灯	reading light	保温壶	hot jut
座椅	seat	煮水器	water boiler
行李架	overhead compartment	废物箱	waste bin
座椅套	dress cover	洗手池	wash basin
安全带	safe belt	烤炉	oven
音量调节	volume control	升降梯	lift cart
旅客娱乐和服务系统	passenger entertainment and service system	烤炉定时器	time selector
水关闭阀	water shut off valve	录像系统	video equipment
工作灯	work light	电影屏幕	screen
厨房照明	counter light	卫生间	lavatory
投影无图像	no display on screen	遥控器连接线	cable for pcu
耳机插孔	headset plug	抽水马桶	flushing toilet
耳机没有声音	no audio	冲水钮	toilet flush
电视盖板	video cover	烟雾探测器	smoke detector
登机音乐	boarding music	化妆品抽屉	amenities drawer
遥控器	pcu	储藏箱	stowage
紧急设备	emergency equipment	滑梯包	slide package
客舱温度	cabin temperature	氧气瓶	oxygen bottle
婴儿摇篮	baby bassinet	手电	flash light
折叠车	folding trolly	救生衣	lift vest
灭火瓶	extinguisher	机门分离器	slide

练习题

1. 波音 737-800 型飞机是一架中短程、单通道窄体客机，共有几个机门和应急窗？
2. 波音 737-800 型飞机可以承载多少名乘客？F/Y 舱分别是多少个座位？
3. 行李箱下方扶手槽的作用是什么？乘客使用行李箱时应注意什么问题？
4. 乘客座椅上方 PSU 装置包括哪些服务组件？
5. 乘客座椅上方的服务组件 PIU 装置包括哪些信息？
6. 乘客座席处遮光板的作用是什么？如何正确使用？
7. 请列举普通舱乘客座椅 4～5 种服务设施。
8. 普通舱座椅靠背可以调节多少角度？为什么有些座椅靠背不可以调节？
9. 在飞机上使用婴儿摇篮有哪些注意事项？
10. 波音 737-800 型飞机衣帽间、储物柜位于何处？它的作用是什么？

第三节 厨房设备

波音 737-800 型飞机共有两组厨房，分别位于飞机的前部、后部，如图 1-26 所示。

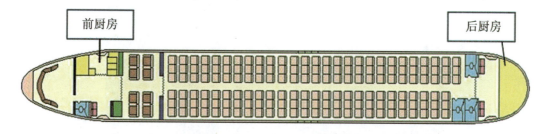

图 1-26　波音 737-800 型飞机平面图

厨房内有一整套完整的供餐服务设施，如储物柜、备份箱、配电板、厨房灯、烤箱、煮水器、烧水杯、操作台、餐车、垃圾箱、水阀和水龙头等，如图 1-27 所示。

一、供应品备份箱

储物柜、备份箱位于前、后厨房上方，用于放置飞机上各类服务用具和供应品。用完后要及时关闭储物柜门并扣好。供应品备份箱如图 1-28 所示。

图 1-27　后厨房

图 1-28　供应品备份箱

二、烤箱、烤炉架

随着波音公司不断发展和研发新的产品，在波音 737-800 型飞机上出现了新一代技术革新产品和设施。例如，触摸式电子烤箱替代传统旋钮式的烤箱，具有干烤和湿烤两种功能，体现了更加人性化的设计理念。

波音737-800型飞机在前舱厨房服务间有3个烤箱，后舱厨房服务间有4个烤箱，都用来加热食品，如图1-29所示。下面让我们来共同学习机上烤箱的使用方法。

图1-29　烤箱、烤炉架

1. 电子触摸式烤箱操作面板介绍

电子触摸式烤箱操作面板如图1-30所示。以下是面板上的一些按钮及器件的标识介绍。

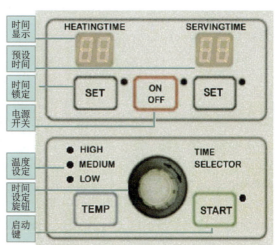

图1-30　烤箱操作面板

(1) HEATINGTIME：加热时间设定及显示。

(2) SERVINGTIME：预设时间设定及显示。

(3) SET：时间锁定钮。

(4) ON/OFF：电源开关及显示。

(5) TEMP：温度设定按钮，HIGH(高温)、MEDIUM(中温)、LOW(低温)。

(6) TIME SELECTOR：时间调节钮，可双向旋转。

(7) START：开始按钮。

2. 电子触摸式烤箱的使用方法

1) 直接加热

(1) 打开电源开关，开关及中温指示灯亮，两个显示屏显示"00"。

(2) 按温度按钮设定温度。

(3) 顺时针方向旋转时间调节旋钮，（两个显示屏开始变化）直至达到所需加热时间。

(4) 按加热时间锁定钮，指示灯亮。

(5) 按开始按钮，加热圈开始加热，风扇开始运转。

(6) 当时间倒计时至零时会发出"嘀、嘀……"声，所有指示灯亮起，显示屏闪烁，风扇停止运转，加热圈停止加热。

2) 预设时间

(1) 预设服务时间是预定等待时间。

(2) 当设定加热时间后，不按开始按钮，继续顺时针方向旋转时间调节钮，服务时间显示屏显示所需等待时间；ST应大于HT，最多为99min。

(3) 按一下服务时间锁定钮，指示灯亮。

(4) 按开始按钮，指示灯亮，服务时间开始倒计时，风扇运转1min后停止，证明烤炉工作正常。

(5) 当服务时间与加热时间一致时，烤炉自动启动。

(6) 当时间显示返回零时，风扇停止运转；加热圈停止加热；所有指示灯亮起，显示屏闪烁。

3. 蒸汽烤箱操作面板介绍

蒸汽烤箱操作面板如图1-31所示，说明如下。

(1) 预设服务时间。这是预定等待时间。

(2) 电源开关。

(3) 清除：清除显示屏上的数字。

(4) 高温烘烤。

(5) 中温烘烤。

(6) 增加时间键。

(7) 准备好就绪指示灯。

(8) 故障指示灯。

(9) 减少时间显示键。

(10) 低温烘烤。

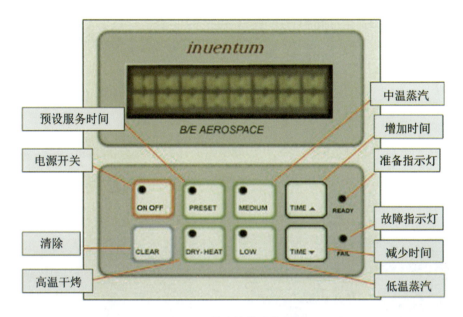

图 1-31　蒸汽烤箱操作面板

4. 蒸汽烤箱的使用方法

1) 蒸汽烘烤

(1) 将电源打开置于"ON"位置。

(2) 用"MEDIUM"或"LOW"来设定烤箱温度。

(3) 再用"TIME ▲"或"TIME ▼"来设定烤箱使用时间。

(4) 按下设定的温度，蒸汽烤箱将会自动工作。

2) 普通干烤

(1) 将电源打开置于"ON"位置。

(2) 如需预先设定烤箱时间按下"PRESET"钮，用"TIME ▲"或"TIME ▼"调整所需要的预定时间。

(3) 不需要预定烤箱时间，直接用"MEDIUM"或"LOW"来设定烤箱温度。

(4) 再用"TIME ▲"或"TIME ▼"来设定烤箱使用时间。

(5) 按下"DRY-HEAT"烤箱将倒计时到"0"后，自动开始普通烘烤，或立刻开始普通烘烤。

3) 预设时间

(1) 将电源打开，置于"ON"位置。

(2) 预先设定烤箱时间，按下"PRESET"钮。

(3) 用"TIME ▲"或"TIME ▼"设定所需要的预定时间。

(4) 用"MEDIUM"或"LOW"来设定烤箱温度，此时预设时间自动锁定。

(5) 再用"TIME ▲"或"TIME ▼"来设定烤箱使用时间。

(6) 再次按下设定的温度，时间就开始倒计时，数字到"0"时，蒸汽烤箱自动开始工作。

5. 烤炉架

每个烤炉内有一套可以随时移动、拿取烤箱内热食的烤炉架，如图 1-32 所示。每一个烤箱内共有 7 层或 8 层，每层可摆放 4 份餐食，每个烤箱内可以装满 28 份或 32 份热食。烤炉内有网状铁壁隔开餐食。

图 1-32 烤炉架

注意：

(1) 每次加热之前，必须确认烤箱内除餐食外无其他物品。严禁将烤箱当储物柜使用，将纸、布、塑料制品放入烤箱（纸、布、塑料等制品易燃，塑料制品在高温下会释放出有毒物质）。

(2) 烤箱内无热食时不可空烤。

(3) 烤箱门一定要关好、扣好，防止餐食掉出和水汽、热气散失。

(4) 在通常情况下，将加热温度设定在 MEDIUM 挡（中温）。

(5) 如餐盒内有干冰，必须将干冰取出后再加热。

(6) 当烤箱内放满餐食时，要注意小心开门，以防餐食滑落。

(7) 飞机起飞、下降过程中不能启动烤箱。

三、煮水器

在前、后厨房内备有两个以上煮水器，可将冷水加热到 88℃；可以满足乘客在飞机上喝咖啡、饮茶的需求。煮水器如图 1-33 所示。

图 1-33　煮水器

1. 煮水器面板介绍

煮水器的操作面板如图 1-34 所示，说明如下。

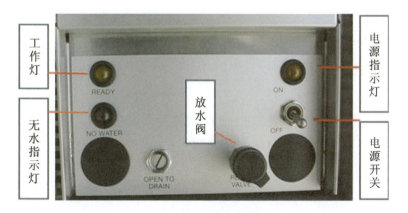

图 1-34　煮水器的操作面板

(1) 工作指示灯：橘红色。

(2) 无水指示灯：红色。

(3) 水龙头：出水口有过滤网。

(4) 电源指示灯：橘红色。

(5) 电源开关：肘节式开关 ON/OFF。

(6) 放水阀：飞机在地面过夜停留，防止水箱冻裂，需要把水箱内的水放尽。

2. 使用方法

(1) 打开水龙头检查是否有水。

(2) 打开电源开关至 ON 位置。

(3) 等待工作灯亮时即可使用。

注意：

(1) 严禁空烧，打开电源开关前要放水确认。

(2) 连续接水要关注煮水器工作指示灯，一旦熄灭要停止使用（以两壶为宜）。

四、烧水杯

烧水杯可以将煮水器内热水加热到 100℃。烧水杯及旋转式电源开关、肘节式开关如图 1-35 所示。

1. 烧水杯介绍

(1) 烧水杯电源插座。

(2) 定时器开关。设置时间为 0～15min，采用肘节式或按键式。

(3) 工作指示灯。

2. 使用方法

(1) 将烧水杯接 7～8 成水。

(2) 插在电源插座上。

(3) 压下锁扣，将烧水杯锁住。

(4) 旋转定时器开关或打开控制板上的电源开关，琥珀色开关指示灯亮。

(5) 水开后，定时器归零或关闭电源。

(6) 向上推起锁扣将烧水杯拔下。

3. 注意事项

(1) 严禁空烧。

(2) 接水不宜过多或过少。

(3) 先插好烧水杯，再打开电源开关。

(4) 先关闭电源开关，再拔下烧水杯。

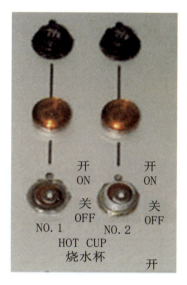

图 1-35　烧水杯、旋转式电源开关及肘节式开关

五、煮咖啡器

近年来，中国人的生活当中又增加了一道饮品——咖啡，甚至有些人已经产生了依赖。它可以给人们带来一份激情，一份情调，已经成为一种生活习惯，每天必饮 1～2 杯。其实早期饮用咖啡的习惯来自西方，但是现在已经传播到中国乃至全世界，被众人所接受，甚至成为大多数人特别是年轻人热捧的饮品之一。在飞机上为乘客制作一杯可口的、口感非常好的咖啡，除了掌握好它的浓度、配料、水温等外，还需要正确使用制作咖啡的设备。

1. 煮咖啡器介绍

煮咖啡器如图 1-36 所示，说明如下。

(1) 电源开关 ON/OFF (红色)。

(2) 煮咖啡开关 BREW (绿色)。

(3) 加温盘开关 HOT PLATE (橙色)。

(4) 热水放水开关 HOT WATER (黄色)。

(5) 补水开关 BYPASS (白色)。

(6) 咖啡盒及咖啡壶锁定手柄。

(7) 热水出口。

(8) 加温盘。

(9) 咖啡壶。

(10) 咖啡盒。

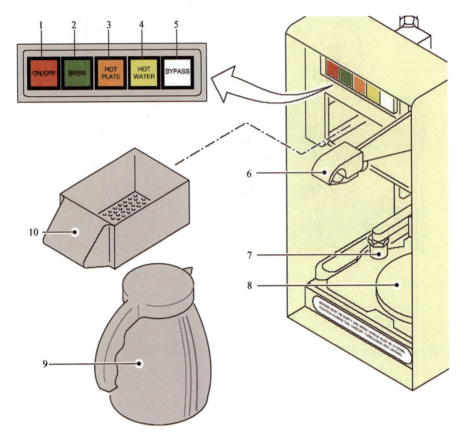

图 1-36　煮咖啡器

2. 使用方法

1) 煮咖啡

(1) 打开电源开关，指示灯亮。

(2) 提起锁定手柄，取出咖啡盒，放入袋装咖啡，放回咖啡盒。

(3) 取下咖啡壶，确认壶内干净、无水后放回。

(4) 压下锁定手柄。

(5) 按下煮咖啡开关，指示灯亮。

(6) 待指示灯熄灭后，咖啡即煮好。

(7) 如水量不够，可按住补水开关加水至水量合适。

(8) 如需保温，可打开加温盘开关，指示灯亮，加温盘会加热至 80℃。

2）烧热水

(1) 打开电源开关，指示灯亮。

(2) 热水放水开关指示灯亮后，热水即烧好。

(3) 按住热水放水开关，热水从热水出口流出。

3）注意事项

(1) 煮咖啡后，应将咖啡包取出，并清洗咖啡盒及咖啡壶。

(2) 当加温盘上没有咖啡壶或咖啡壶空着时，禁止打开加温盘开关。

(3) 加温盘上严禁放置除咖啡壶以外的其他物品。

(4) 当加温盘上没有咖啡壶时，不要按补水开关。

(5) 控制每次热水用量，以一壶为宜，最多不得超过两壶。

(6) 避免长时间打开而不放水，使咖啡机内部产生水蒸气而形成空烧。

六、餐车

根据飞机座位数量及最大航程距离，配置对等餐车数量可供乘客在空中用餐。每一部餐车共分 14 层冷盘，每层可摆放 3 份普通舱餐盘，每车可以装载 42 份餐食。很多航空公司除了用餐车配装食品外，还用来放置饮料、机上销售物品或其他服务用品。餐车种类大致可分两种：长车和对半车。在飞机上都设置相对应的固定餐车车位。餐车如图 1-37 ～图 1-39 所示。饮料车如图 1-40 所示。

图 1-37　餐车 (1)

图 1-38　餐车 (2)

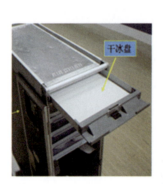 

图 1-39　餐车 (3)

图 1-40　饮料车

1. 餐车介绍

(1) 手柄：用来拉动餐车。

(2) 通风孔：送风进口 / 出口，对餐食制冷。

(3) 标志牌栏：说明装载物品内容。

(4) 餐车门锁：固定餐车门。

(5) 刹车板：刹车 (红色)/ 解除刹车 (绿色)。

(6) 干冰盘：放置干冰对餐食制冷。

2. 使用方法

(1) 供餐时要提前将干冰盘内的干冰拿出。

(2) 餐车上面摆放餐食或饮料不宜过高，防止烫伤或洒到乘客身上。

(3) 供餐时先在厨房将门打开，便于餐盘抽取。

(4) 推拉餐车进入客舱注意把握方向，切勿碰撞到乘客。

(5) 服务期间注意踩住刹车。

(6) 回到厨房要立即归位关好车门，踩住刹车，扣好锁扣，固定好车辆。

(7) 飞机起飞、下降、遇有颠簸时应立即停止工作，餐车归位，关好车门，踩住刹车板，扣好锁扣，固定好车辆，严禁餐车外放。

案例 1-2　"厨房餐车未固定造成伤害"（厨房）

2004 年 10 月，CA1590 航班波音 737-800 型飞机在上海虹桥机场起飞，"系好安全带"灯刚刚熄灭，但飞机还在上升阶段。这时，负责后厨房工作的 5 号乘务员开始起身做供应准备，突然厨房一部餐车冲出，撞伤 5 号乘务员的腰部。

点评分析：

(1) 空中工作毕竟不同于地面，乘务员在日常工作中受到一些磕碰在所难免。但是，餐饮车冲出撞伤不是简单的磕碰，一旦冲进客舱，后果更是不堪设想。

(2) 分析问题原因。机上餐饮车刹车装置和厨房安全锁扣的设计，是完全符合适航安全标准要求的。只要按规定正确地使用设备，餐饮车撞伤人事件是完全可以避免的。

(3) 问题的发生告诉我们，安全是第一生产力，是企业的生命线，来不得半点含糊大意，所有安全规定都是有科学依据的。尤其是厨房设施操作，更需要认真检查，严格执行。另外，客舱设备的完好与否直接关系着设备能否正常安全运行。一旦发现故障，务必及时报告乘务长并且采取相应的措施。

案例 1-3　"饮料车刹车失灵的结果"（厨房）

2010 年 6 月 17 日，客舱服务部乘务组执行 CA934(巴黎—北京) 航班，机型 A340-

300,飞机号 B-2389。飞机从巴黎起飞后,在为乘客提供餐饮服务时,普通舱乘务员由于忽视了饮料车刹车失灵的情况,造成饮料车滑动,碰到一位乘客的头部。乘务员见状立即对乘客进行安抚和治疗,乘务长在第一时间赶到现场并对乘客作了道歉,还将乘客调到公务舱进行休息。飞机落地后乘务组联系了地面医生,对乘客的情况进行了检查,并将情况通报给地面工作人员进行后续的处理。

七、垃圾箱

在厨房两侧设有垃圾箱,用来放置垃圾和杂物。飞机到站后地面清洁人员负责清理并更换垃圾袋。注意:切勿将液体或易腐蚀液体倒进垃圾箱。垃圾箱如图 1-41 所示。

图 1-41 垃圾箱

八、厨房配电板

厨房配电板如图 1-42 所示。

1. 配电板介绍

每一个厨房里的电气设备都有相对应的保险装置,当厨房某一个电气设备发生故障时,相对应的保险装置会跳出,俗称"跳闸",在使用过程中一旦发生此现象,乘务员可以按下保险按钮重新启动该设备,如果保险装置再次跳出,要立即停止使用并报告乘务长。

2. 厨房灯光

厨房灯光开关均设在厨房配电板上。厨房灯光分为台面灯、工作灯和顶灯,按照安全飞行条例的规定,根据不同的飞行时间段正确使用灯光。

图 1-42　厨房配电板

3. 厨房灯光使用方法

(1) 乘客登机、下机时，打开顶灯。

(2) 飞机起飞、下降期间，打开工作灯。

(3) 起飞后，工作期间，打开顶灯。

(4) 夜航飞行值班期间，打开台面灯。

九、冷风机

(1) 启动冷风机可以给餐食降温；冷风温度在 5℃ 左右。

(2) 冷风机的开关在厨房配电板上；工作指示灯为琥珀色，超温指示灯为红色。

(3) 冷风机工作时间过长，温度过高，超温指示灯亮，自动切断电源，等冷风机降温后，重新启动即可。冷风机温度表如图 1-43 所示。

图 1-43　冷风机温度表

十、水系统

(1) 水系统设备由水管、水开关、水阀开关和积水槽组成。

(2) 在前、后厨房配电板附近分别备有独立水阀开关，均有明显标识和使用说明。当水系统设备出现漏水现象时应及时关闭相应厨房的水阀。

(3) 积水槽。前、后厨房各有一个冷水管，用于清洗物品；冷水管下方的积水槽用于排水。禁止向积水槽内倒入牛奶、果汁、咖啡等液体，防止堵塞。积水槽如图1-44所示。

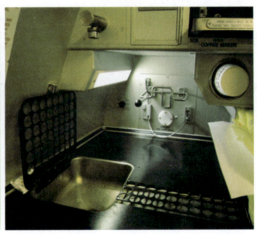

图1-44 积水槽

十一、使用厨房设备注意事项

(1) 严格按照要求操作使用厨房设备，在飞机起飞、着陆时必须将所有的厨房电源关闭；按照装机图和物品摆放位置的要求，放置供应品和食品。

(2) 不要把塑料、纸类、棉织品等物品放在烤箱和保温箱内。

(3) 厨房内餐车、储藏箱、柜门，用后随手关闭、扣好，注意轻开、轻关。

(4) 乘务员工作中做到冷、热食品及用具要分开，食品干净卫生，冷热分明。切勿将油状液体（色拉油）、牛奶、果汁等倒入水池，保持下水道畅通、池内无杂物。

(5) 保持厨房内冰箱、烤炉、保温箱、储藏室用具干净、无污渍；台面、地面整洁。根据所飞往国家的要求，对垃圾进行分类投放。

(6) 使用厨房用具、设备要轻拿、轻放，文明使用。

案例1-4 "一股浓浓的烧焦味道"

2013年12月2日上午7:30，某航空公司乘务组执行上海—北京航班任务。乘务员在直接准备阶段做好了各项服务准备。由于此航班飞行时间较短，乘客满座，要为乘客提供一顿早餐，为了节约空中时间，乘务员在地面就把热食烤好了，起飞后可直接提供服务。

当乘客登机完毕，准备关闭舱门的时候，乘务员闻到了一股浓浓的刺鼻子烧焦的味道，顿时想起烤箱内的热食。走进厨房就看到一个烤箱缝隙处正冒出浓烟。厨房乘务员迅速关闭电源，并且打电话报告乘务长。另一名乘务员快速取来灭火瓶。乘务员观察了10 s后，发现已经关闭电源的烤箱还在冒烟，就立即打开烤箱灭火。在打开烤箱的刹那间，本来在封闭状态的烟雾，遇到氧气就燃起了火苗。乘务员马上用海伦灭火瓶进行喷射，直至将火苗扑灭。

此时，得到消息的航空机务人员来到厨房烤箱失火处组织处理，将燃烧过的烤箱卸下进行检查。经确认原因不是电源短路造成火灾，而是烤箱内餐食流出的油渍积累过多，清理不及时，导致高温状态下被烤糊引燃。

经过这起事件，该航空公司迅速采取了防范措施。

(1) 航空机务对所有的飞机烤箱进行全面检查，排除可能存在的隐患。

(2) 由清洁队安排，定期对所有烤箱的内部进行认真清洁。

(3) 要求食品公司为机上配备的热食，尽可能减少过油、过多汤汁。

(4) 厨房乘务员登机后检查烤箱，没有任何异物及餐食流出的油渍积累。

从这个案例中，学生可以了解到在烤箱冒烟失火的情况下，乘务员做出了哪些行动？使用了哪种灭火瓶？航空公司为防止机上再次发生的烤箱失火采取了哪些有效措施？

练习题

1. 波音737-800型飞机共有几个厨房？厨房内由哪些设备组成？
2. 请写出使用烤箱直接加热的程序。
3. 什么是烤箱预设时间？使用烤箱应注意什么？
4. 什么是烤炉架？每个烤箱内可以装满多少份热食？
5. 煮水器的使用程序是什么？有哪些注意事项？
6. 请写出餐车上的通风孔、刹车板、干冰盘的作用。使用餐车应注意什么？
7. 厨房配电板保险装置的作用是什么？如何使用厨房配电板？
8. 为什么厨房积水槽内禁止倒入牛奶、果汁等液体？
9. 波音737-800型飞机前、后厨房水阀位于何处？其作用是什么？
10. 使用烧水杯的注意事项有哪些？

第四节　卫生间设备

波音737-800型飞机共有4个卫生间，其中一个位于客舱前部，可供头等舱乘客和机组人员使用；另外3个位于客舱后部，可供经济舱乘客使用，其中有一个可供残疾人使用。

一、卫生间设备介绍

波音737-800共有4个卫生间，如图1-45所示，内设有婴儿折叠板、残疾人扶手、垃圾箱、"请回座位"信号牌、呼叫按钮、电源插座115V AC、28V DC、镜子、服务标示牌等设施。

图1-45　卫生间位置

二、卫生间服务用品介绍

（1）卫生用品有擦手纸、卫生纸、洗手液、马桶垫纸，卫生用品存放盒内有呕吐袋、卫生巾、消毒纸巾、一次性手套等，如图1-46所示。

图1-46　卫生间用品

（2）化妆用品。化妆用品包括香水、润肤霜、润肤水，如图1-47所示。

图 1-47 化妆用品

三、马桶

(1) 高压抽气式马桶。

(2) 马桶组成：由马桶盖、马桶坐垫、冲水按钮、关闭水阀开关组成。

(3) 操作方法：按下"PUSH"键马桶自动抽气。

(4) 排除马桶故障。位于马桶底部有一个关闭水阀，当马桶不能抽气而马桶水仍不停地注入时，可以向外拉动，关闭马桶供水手柄即可停止流水。马桶如图 1-48 所示。

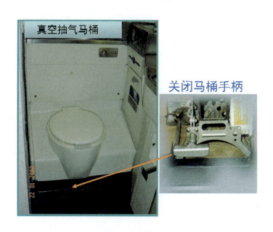

图 1-48 马桶

注意： 不能将纸巾、毛巾、清洁袋等物品投入马桶内。

四、卫生间热水器

(1) 水龙头。设有温度调节按钮，蓝色为冷水，红色为热水。

(2) 洗手盆。有冷、热水龙头和放出洗手盆内的积水钮。

(3) 洗手水提供。洗手水来自飞机水箱。

(4) 热水。由安装在洗手盆下方的加热器提供，4min 内可将冷水加热至 52～56℃。另备有自动恒温器，如果自动恒温器发生故障水温超过 88℃时，热水器将自动断电。如果不能自动断电，可以使用人工关闭开关。

卫生间热水器如图 1-49 所示。

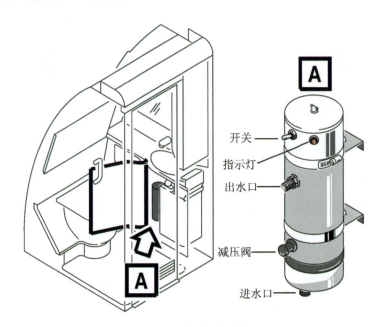

图 1-49　卫生间热水器

(1) 位置：洗手盆下部供水管上。

(2) 可将冷水加热至 52～56℃。

(3) 设施。

① 开关：肘节式，ON/OFF。

② 指示灯：琥珀色。

③ 内部有自动恒温器。

(4) 使用。

① 由地面机务人员打开。

② 如自动恒温器故障，水温超过 88℃时，将自动断电，如乘务员发现洗手水过热，应立即关闭开关。

③ 新型飞机卫生间洗手池水的龙头是感应式的，伸手就有水流出，其水温已自动调

至与人体体温相近,很人性化。

五、垃圾箱

垃圾箱位于洗手盆下方,投入口在洗手盆旁,严禁投入烟头,如图 1-50 所示。

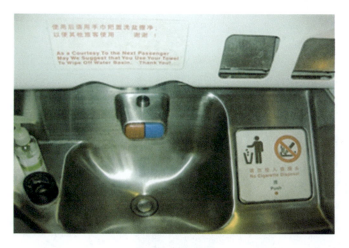

图 1-50　垃圾箱

六、自动灭火装置

每个卫生间的洗手池下方备有一个自动灭火器。灭火器是通过一个或两个热启动喷嘴喷出海伦灭火剂,热启动喷嘴对准垃圾废物箱。温度指示器位于每个洗手池下方的废物箱处。当温度达到 77～79℃时,指示器上的白色圈点会变黑,灭火器便开始工作。自动灭火装置如图 1-51 所示。

图 1-51　自动灭火装置

七、卫生间呼叫

卫生间内设有呼叫按钮，一旦有人呼叫，从外部可以听到一声单高谐音，同时卫生间外部壁板上琥珀色信号灯亮起，以此提醒乘务员卫生间内有人呼叫。

解除呼叫方法：按一下卫生间外部壁板上琥珀色信号灯或进入卫生间重按呼叫按钮即可。卫生间呼叫按钮及外部显示如图1-52所示。

(a) 卫生间呼叫外部显示　　　　(b) 卫生间内部呼叫

图1-52　卫生间呼叫按钮及外部显示

八、卫生间服务标识

卫生间内有很多服务标识，用于提示乘客正确使用设备，如图1-53所示。

图1-53　卫生间服务标识

九、卫生间门闩

（1）在空中飞行期间，进入卫生间后顶灯会亮，镜灯不亮。但是，当插好门闩后，镜灯自动亮起。因此，在空中卫生间的镜灯开启，是受门闩控制的。而飞机在地面停留期间，镜灯开关不受门闩控制，始终和顶灯一样是全亮的。

（2）如果有人被反锁在卫生间内，乘务员可用尖锐物品从外部帮助打开。卫生间门闩如图 1-54 所示。

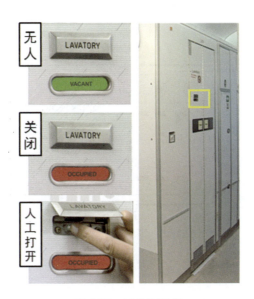

图 1-54　卫生间门闩

案例 1-5　"卫生间引发投诉"（卫生间）

某乘客使用卫生间多次向外推门打不开，误认为门锁有问题。乘务员发现后不询问、不敲门，就直接帮助乘客从外部开门，致使乘客曝光，导致愤怒投诉。

点评分析：

（1）这是一起因使用卫生间引发的投诉。从乘务员的思路出发，一则误认为乘客着急不会打开；二则是担心乘客可能在卫生间里发生意外。乘务员本意是好的，出于为乘客的安全着想，但是由于失礼引发投诉。

（2）虽然乘务员在工作中安全意识与服务意识较强，但在处理方法上欠周到、细致。当发现卫生间的门闩不好时，没能及时采取措施给予解决，造成后来乘客使用卫生间时打不开门。更不应该出现不敲门、不询问，直接把门打开，致使乘客被打扰、被曝光而投诉。

（3）分析问题。说明乘务员缺少基本的礼仪常识，缺少尊重，应在外面先敲门，大声询问是否需要帮助，确认需要并征得同意后，再从外面帮助开门，这是乘务员必须具备的素养。

十、烟雾探测器

(1) 每个卫生间的天花板都装有烟雾报警器。防止乘客在卫生间因吸烟引发火灾。当卫生间烟雾达到一定浓度或温度上升到一定热度时,报警器会自动报警,连续地发出急促的"嘀、嘀……"声,报警器上的红色报警指示灯闪亮时,说明该卫生间有问题,提示乘务员要查明原因。

(2) 解除报警声,待烟雾清除干净,红色报警灯熄灭,报警声停止。卫生间烟雾探测器如图 1-55 所示。

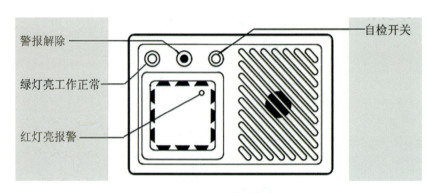

图 1-55　卫生间烟雾探测器

练习题

1. 波音 737-800 型飞机共有几个卫生间?请画出客舱平面图标明数量和位置。

2. 卫生间洗手热水由哪里提供?水温可以加热到多少度?不能超过设定温度多少度?一旦超过设定温度后如何处理?

3. 如何判断卫生间内有人呼叫?解除卫生间呼叫的方法有几种?

4. 卫生间内备有哪些服务设施?请至少列举 5 种。

5. 卫生间内自动灭火装置安装在何处?

6. 卫生间烟雾探测器装置安装在何处?其作用是什么?

7. 如何正确使用卫生间内垃圾箱?

8. 马桶发生故障时应如何处理?

9. 如何控制卫生间镜灯?

10. 有乘客被锁在卫生间内,乘务员应如何处置?

第五节 舱 门

波音 737-800 型飞机共有 4 个舱门和 4 个应急窗。

在正常情况下,左侧舱门供乘客上下飞机时使用,右侧舱门为服务门,供对接食品车、垃圾车、病人升降梯等车辆使用,如图 1-56 所示。

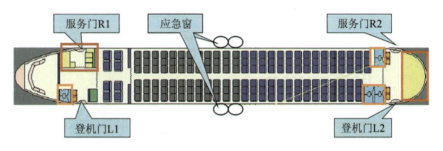

图 1-56 舱门位置

一、舱门结构

1. 舱门组成

波音 737-800 型飞机的舱门是由滑梯红色预位警示带、观察窗、舱门手柄、滑梯压力指示表、滑梯包、滑梯杆、滑梯挂钩、地板支架、舱门辅助手柄及辅助手柄等组成,如图 1-57 所示。

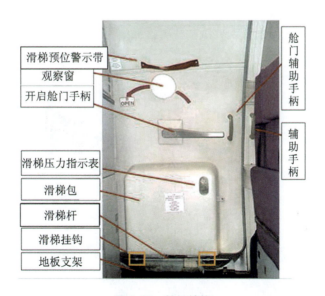

图 1-57 舱门结构

图 1-57 舱门结构（续）

2. 设备功能介绍

(1) 滑梯红色预位警示带。用于提示滑梯杆和地板支架是否连接。

(2) 观察窗。（机门窗）用于观察飞机外面的情况，从而确定是否可以打开舱门。

(3) 舱门手柄。开启或关闭舱门的手柄。

(4) 滑梯压力指示表。滑梯充气是靠一次性气瓶向内充气，气瓶上有一个压力表，在正常情况下指针应指向绿色区域。

(5) 滑梯包。滑梯存放处。

(6) 滑梯杆。使滑梯充气或解除滑梯充气操作杆。

(7) 滑梯挂钩。滑梯杆挂在挂钩上，滑梯不会充气。

(8) 地板支架。滑梯杆与地板支架连接的固定装置（当打开机门时，滑梯自动充气）。

注意： 滑梯杆与地板支架相连时，红色警示带斜挂在观察窗处；滑梯杆挂在挂钩上，红色警示带平行于观察窗上方。

3. 阵风锁

(1) 每一个舱门门框内都备有阵风锁装置，如图 1-58 所示。

图 1-58 阵风锁

(2) 作用。当舱门向外打开后，起到固定舱门的作用，用于防止舱门移动受到损坏。

(3) 操作。关闭舱门时需要一边按住阵风锁，一边向内拉动关闭舱门手柄。

4. 阻拦绳

(1) 阻拦绳的位置。位于每个舱门左侧的门框内。

(2) 使用方法。打开舱门后，当外界没有任何衔接物时，需要拉出、挂好阻拦绳，防止有人坠落机外摔伤，起到安全警示的作用。阻拦绳如图1-59所示。

图1-59 阻拦绳

二、操作滑梯

1. 滑梯预位

(1) 将滑梯预位警示带斜扣在观察窗前。

(2) 将滑梯杆从舱门滑梯包挂钩上取下,扣在地板支架内。滑梯预位如图 1-60 所示。

图 1-60 滑梯预位

2. 解除滑梯预位

(1) 将滑梯杆从地板支架上取出,挂在舱门滑梯包挂钩上。

(2) 将滑梯预位警示带平扣在观察窗上方,如图 1-61 所示。

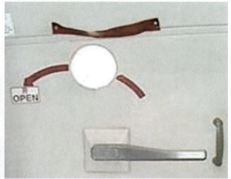

图 1-61 解除滑梯预位

三、舱门操作

(1) 确认滑梯杆在舱门滑梯包挂钩上。

(2) 观察、确认舱门外无障碍物。

(3) 按箭头指示方向,转动舱门手柄 180°至水平位置。

(4) 向外推动舱门,直至被阵风锁锁住。

四、内部关闭舱门

内部关闭舱门如图 1-62 所示,以下是有关操作的说明。

(1) 向下按住阵风锁。

(2) 握住舱门辅助手柄,将舱门拉至舱内。

(3) 反方向转动舱门手柄 180°至水平位置,将舱门关好,如图 1-62 所示。

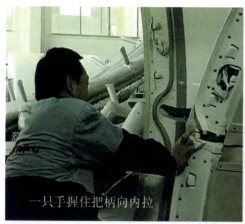 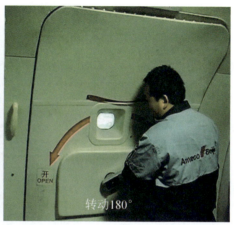

图 1-62　内部关闭舱门

(4) 检查舱门关闭状况,如图 1-63 所示。

图 1-63　关闭舱门

(5) 确认舱门周围没有任何杂物。

五、从外部打开、关闭舱门

1. 外部打开舱门

外部打开舱门如图 1-64 所示,以下是有关操作的说明。

(1) 确认舱门外无障碍物。

(2) 从观察窗处确认滑梯预位警示带没有斜挂在观察窗前。

(3) 向外拉出外部控制手柄。

(4) 将手柄沿 OPEN 方向旋转 180°。

(5) 将舱门向机头方向拉到全开位置,直至被阵风锁锁住。

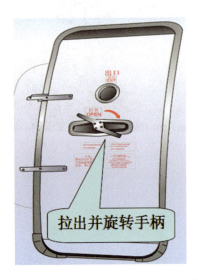 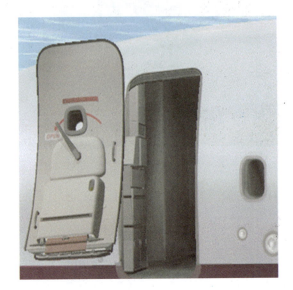

图 1-64　外部打开舱门

2. 外部关闭舱门

外部关闭舱门如图 1-65 所示,以下是有关操作的说明。

(1) 将阻拦绳收回。

(2) 确认舱门内、外无障碍物。

(3) 按下阵风锁,并保持住待舱门拉动后再放开。

(4) 将舱门推回至舱内。

(5) 将舱门外部控制手柄拉出,反方向旋转 180°,将舱门关好,将手柄复位至与舱门平齐。

(6) 检查舱门关闭状况,确认舱门没有夹任何杂物。

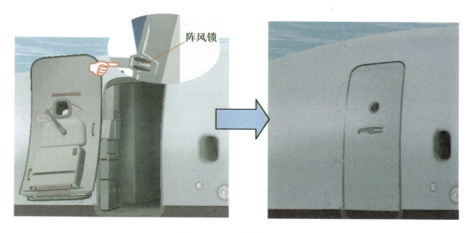

图 1-65　外部关闭舱门

六、滑梯预位与解除滑梯预位在飞行中的作用

(1) 将滑梯操作到预位状态是为了一旦发生紧急情况，打开舱门滑梯会自动充气(5～7s 内)，乘客可以通过滑梯迅速逃生。

(2) 解除滑梯预位。在正常情况下，飞机落地停稳后，需要解除滑梯预位，否则打开舱门滑梯会自动充气，如果舱门外面有人站立会直接造成人员伤亡，同时造成航班延误，给航空公司带来重大经济损失和不良社会影响。

(3) 做好滑梯预位和解除滑梯预位工作。在航班飞行中，每一位成员必须养成服从命令、听从指挥的习惯，严格遵守航空公司的安全规定，按照乘务长口令进行操作，切不可擅自行动。

(4) 每一次操作完毕，必须严格履行互相检查制度，杜绝安全隐患。

(5) 打开舱门的时机。飞机到达停机位，"系好安全带"指示灯熄灭后，乘务长通过客舱广播下达"解除滑梯预位"指令；各号位乘务员依照乘务长指令"解除滑梯预位"，相互检查，报告机长并得到许可后方可打开舱门，确认飞机与客梯/廊桥对接好，通知乘客下机。

✈ 案例 1-6　"提前解除滑梯预位的代价"

某航空公司乘务组执行波音 737-800 型飞机由三亚前往北京的航班。当飞机落地后还未完全停稳，"系好安全带"信号灯尚未熄灭，2 号乘务员提前擅自解除了滑梯预位，进入客舱归还乘客保管的物品。这时乘务长下达"解除滑梯预位"口令，见 2 号乘务员没有在位，就急忙到对面帮助她操作了滑梯。当乘客完全下机后，装卸食品的地面工作人员敲响了 R1 门。2 号乘务员急忙赶过去开启舱门，这时听到一声长长的充气声，滑梯被迅速充气展开，见到此情景，2号乘务员完全惊呆了！为什么？这到底是怎么了？

点评分析：

通过这件事可以看出：

(1) 由于2号乘务员安全意识淡薄，违章操作造成滑梯充气。

(2) 使航班延误，旅客滞留，对外造成恶劣影响，航空公司受到严重的经济损失。

(3) 1号乘务长和2号乘务员对此事要承担全部责任。

(4) 1号乘务长对2号乘务员的工作未进行监督、提醒与制止。

(5) 乘务员应时刻遵守《舱门操作规定》，确认听到乘务长指令后再操作；开启之前必须做到确认滑梯在解除预位状态。

(6) 收到外部对接飞机信号，应再次确认舱门滑梯状况，并且与另一名乘务员做到互检后才能打开舱门。

案例 1-7　对滑梯非正常充气的综合分析

滑梯非正常充气，是客舱安全管理工作的大敌，也是客舱安全管理部门长期以来最为关注的问题。为了使此问题得到有效的遏制，各航空公司不断地推出整改工作规范、操作舱门规范等措施。

自1981年以来，曾经多次发生由于乘务员原因，造成的滑梯非正常充气事件。以下是对发生问题的原因进行的归纳和分析，并在此基础上进一步完善了分离器管理的有关规章。

1. 历史回顾与分析

1981年5月12日，发生第一起有记录的滑梯非正常充气事件。

当时的航班安全管理很不规范，甚至在一些机型上并没有硬性要求必须操作分离器。

(1) 从发生的机型来看：

B777型飞机，共发生3起，占总数的6%。

B747型飞机，共发生19起，占总数的57%。

B767型飞机，共发生6起，占总数的18%。

波音737型飞机，共发生4起，占总数的12%。

据数据显示，747机型由于门区较多，参与的乘务员的人数也较多，分离器操作程序相对复杂，因此大型飞机的分离器操作更应引起重视。

(2) 从发生的门区来看：

L1门，16起，占总数的50%。

L2门，2起，占总数的6%。

L4门，7起，占总数的22%。

其他门区7起，占总数的22%。

据数据显示，L1门由于是旅客上下飞机的主要舱门，开启的频率是最高的，但是该门也是带班乘务长所在的门，处在带班乘务长直接的管理和监督之下，最不应该出问题，滑梯非正常充气事件，与带班乘务长的责任心有直接关系。

(3) 从发生问题的直接责任人来看：

带班乘务长，12人次，占总数的22%。

区域乘务长，6人次，占总数的8%。

乘务员，44人次，占总数的70%。

(4) 从发生事故的时间来看：

20世纪80年代共发生11起。

20世纪90年代共发生23起。

2. 操作口诀及发生事故的原因

操作分离器的口诀："一口令、二操作、三自查、四互检，两人确认再开门。"

任何问题的发生都不是偶然的，根据英国曼彻斯塔大学李森博士1991年提出的航空事故序列模型，事故的发生一定是由于一连串的违章操作所致，任何一次滑梯充气事件必然是由于乘务员在某一个或几个环节上违反了规章所引起的。

应急救生滑梯简称滑梯，由滑梯、充电瓶、连杆和操作手柄等组成，折叠镶嵌安装在客舱门、应急门内部。当飞机在地面进行维护时，滑梯操作手柄放在解除预备位置，打开舱门时滑梯不会被放出；当飞机开始滑行时，由乘务人员将滑梯操作手柄放在预备位置；当飞机遇到紧急情况时，乘务人员打开舱门的同时滑梯自动冲出舱外，在几秒钟内完成充气过程，方便旅客和机组人员逃离飞机。

释放出滑梯，对飞机本身没有伤害。但是，第一，会延误航班，而延误时间超过4小时，航空公司就要赔偿旅客；第二，未修复期间没有滑梯的机舱门不能使用，也就意味着需要减少承运的旅客，因为多少旅客对应多少个舱门是有安全要求的；第三，重新折叠滑梯需要不菲的费用。事发后有网友爆料各种机型应急设施的价格：737主滑梯8万元；320主滑梯9.2万元；翼上7万元；330主滑梯19万元，应急出口15万元；777的20万～25万元；380的30万元左右。

练习题

1. 如何操作波音737-800型飞机红色滑梯预位警示带？

2. 波音737-800型飞机阵风锁的作用是什么？

3. 请描述波音737-800型飞机舱门充气滑梯装置。

4. 起飞前应如何检查舱门滑梯状况？

5. 波音737-800型飞机舱门观察窗的作用是什么？

6. 波音737-800型飞机从内部操作打开舱门的步骤是什么？

7. 阻拦绳的作用是什么？如何使用？

8. 请写出波音737-800型飞机操作滑梯预位方法。

9. 滑梯杆操作程序是什么？

10. 正常关闭舱门的操作程序是什么？

第六节　自　备　梯

波音737-800型飞机均属于单通道窄体民用客机，适用于中短程航线飞行。该机型对起降机场标准要求比较低，耗油量较低、价格便宜。此外，还有带有自备梯这一大优势，机组、乘客可以不依赖机场地面设备自助上下飞机。自备梯可以供远机位上下旅客使用。由于廊桥和客梯车资源的增加，现在大部分公司都把自备梯拆除了，目的是减轻重量。

一、自备梯的构成

自备梯储藏于L1门处下方，是由折叠梯子、伸缩式固定扶手、伸缩扶手杆、阶梯灯、固定锁等部分组成。

自备梯是受电动系统控制的。使用时，可以操作L1门控制面板上的按键来实现自备梯收/放功能。地面工作人员也可以从飞机外部放出自备梯。自备梯如图1-66所示。

图1-66　自备梯结构

二、自备梯的操作方法

1. 内部打开方法

（1）将舱门打开。

（2）按住前 L1 门乘务员操作面板上的"EXTEND"键，同时"STAIRS OPERATING"琥珀色工作指示灯亮。

（3）自备梯完全放出，"STAIRS OPERATING"琥珀色工作指示灯熄灭。

（4）松开"EXTEND"键，拉出两侧的伸缩扶手杆。

（5）将扶手固定在舱门两侧的锁扣上。

2. 内部收起方法

（1）将固定在门框两侧锁扣上的扶手松开。

（2）将两个伸缩扶手杆复原到固定手扶杆上。

（3）确认自备梯上无任何物体。

（4）按住前 L1 门乘务员操作面板上的"RETRACT"键，同时"STAIRS OPERATING"琥珀色的工作指示灯亮。

（5）等待琥珀色的工作指示灯熄灭，自备梯完全收好。

3. 自备梯在无电源下操作方法

飞机自备梯收/放是靠电瓶供电操作完成的，一旦发生飞机没有电源，需要放出或收回自备梯时，可通过将驾驶舱的仪表盘上的电瓶开关放到"开"的位置后，再使用 L1 门乘务员操作面板上的"STANDBY"超控键，操作方式：放出自备梯时，双指同时按住"EXTEND"键和"STANDBY"键；收回自备梯时双指同时按住"RETRACT"键和"STANDBY"键。直到自备梯完全放出或收回为止，如图 1-67 所示。

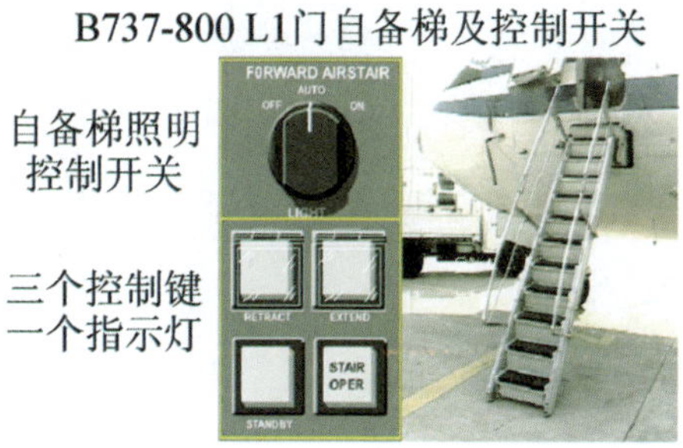

图 1-67　自备梯

4. 外部打开方法

自备梯外部操作如图 1-68 所示。

（1）将手柄拉出来。

（2）按下手柄中央的按钮，将手柄松开。

(3) 顺时针方向转动手柄，自备梯子将伸开放出。

图 1-68　自备梯外部操作

5. 自备梯使用注意事项

(1) 地面不得有障碍物。

(2) 必须将机门打开直至阵风锁锁住。

(3) 风速超过 74km/h 时不能使用。

练习题

1. 波音 737-800 型飞机操作自备梯开关位于何处？

2. 波音 737-800 型飞机自备梯灯光开关共有几挡？分别是什么？通常放在什么挡位？

3. 放出/收回自备梯分别由哪两个键控制？

4. "STAIRS OPERATING" 键的功能是什么？

5. 自备梯在无电源的情况下如何使用？

6. 在什么条件下禁止使用自备梯？

7. 请写出波音 737-800 型飞机外部操作自备梯的方法。

第七节　乘务员控制面板

波音 737-800 型飞机共有两块乘务员控制面板，分别位于机舱 L1 门和 L2 门处。根据客舱环境的需要，可以通过面板上按键对客舱娱乐系统、灯光系统、水系统、应急灯等部分进行调控。新型波音 737-800 控制面板为触摸式。

一、L1 门控制面板

L1 门控制面板位于前舱乘务员座位上方，备有 737-800 型自备梯收/放控制系统、娱乐系统开关、客舱灯光控制开关，如图 1-69 所示。

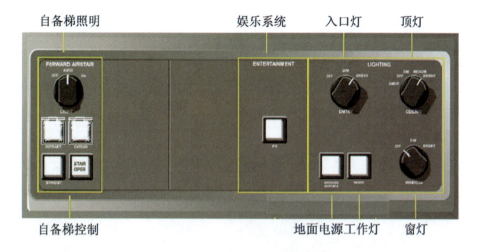

图 1-69　L1 门乘务员控制面板

（1）黑色旋钮为自备梯照明开关，共有 3 个挡位，即开—正常—关，通常放在"正常"位置，当自备梯放出时，阶梯灯开始照明，乘客可以安全下机，自备梯收回时，阶梯灯自动熄灭。有关自备梯的使用方法将在自备梯章节中进行详细介绍。

（2）娱乐系统开关，当客舱播放电影时需要开启此开关，乘客手中的耳机才会有声音送入。

（3）客舱灯光控制系统。

① 入口灯 (ENTRY LIGHT) 开关，分为 BRIGHT(亮)、DIM(暗)、OFF(关) 3 挡，旋转调节开关，用于前登机门照明。

② 客舱顶灯 (天花板灯光 CEILING LIGHT) 开关，分为 5 个挡位。

夜间 (NIGHT)——位于行李架顶部的白炽灯亮，这是灯光亮度的最低挡。

关 (OFF)——天花板灯光关闭。

暗 (DIM)——最低挡 10% 亮。

中 (MEDIUM)——中挡 50% 亮。

亮 (BRIGHT)——最高挡 100% 亮。

③ 客舱窗灯 (WINDOW LIGHT) 分为 3 个挡位。

关 (OFF)——关闭所有窗口灯。

暗 (DIM)——最低挡，10% 亮。

亮 (BRIGHT)——最高挡，100% 亮。

④ 工作灯 (WORK LIGHT) 开关：为乘务员工作区域照明使用。按压调节即可。

⑤ 地面电源开关：地面机务人员使用，乘务员登机后需要确认其在"OFF"位置。

二、L2 门控制面板

L2 门控制面板位于后舱乘务员座位头顶上方，内有饮用水系统、污水系统、灯光控制系统及应急灯，如图 1-70 所示。

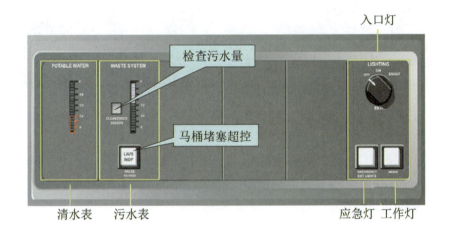

图 1-70 L2 门乘务员控制面板

1. 水表

水箱位于飞机后货舱一侧，容积为 300L。飞机上使用清水是经过滤后用压力泵压到厨房和卫生间（洗手盆）进行使用。水量的多少是用液晶显示表来体现的，"F"为满，"E"为空，（其中有 3/4 水量、1/2 水量、1/4 水量刻度）。当水位到 1/4 水量时设为警戒线，提醒需要加水，如图 1-71 所示。

2. 污水系统

（1）按下控制面板上污水表白色"CLEAN CHECK"键，可用来检查马桶的污水量，如果到达 1/2 处为正常适用范围，3/4 为黄色警戒线，需要关注，到"红色"区域为满禁止使用线。

（2）如果某个厕所马桶堵塞，可按住"PRESS TO TEST"键，同时按下马桶冲水按钮即可疏通。

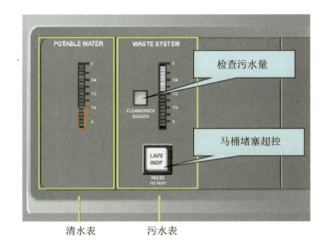

图 1-71　清水系统和污水系统

3. 水箱

(1) 位置：位于飞机的货舱后部。

(2) 容积：300L。

(3) 水循环，如图 1-72 所示。

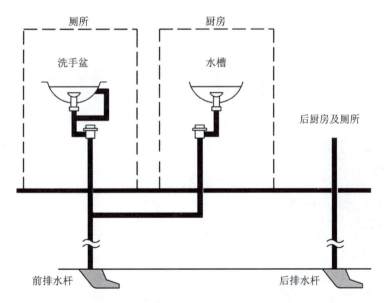

图 1-72　水箱

(4) 供水方法。通过水泵把水从水箱输送到各用水设备，包括厨房、卫生间洗手盆及马桶。

(5) 排水方法。厨房和卫生间洗手盆的废水经过滤、净化后，通过机腹部两根可以加热的金属排水杆排出机外，排水杆在机外部为鳍状。

4. 入口灯

(1) 入口灯 (ENTRY LIGHT) 开关，分为 BRIGHT(亮)、DIM(暗)、OFF(关)3挡，旋转调节开关，用于后登机门照明。

(2) 工作灯 (WORK LIGHT) 开关，为乘务员工作区域照明使用。按压调节即可，如图 1-73 所示。

(3) 应急灯 (EMERGENCY LIGHT) 开关 (应急灯开关仅限紧急情况下使用)。

图 1-73　入口灯

应急灯可以在应急情况下照明逃生出口的方向，一旦应急灯开启，飞机内部和外部的所有应急灯同时照明。正常情况下，该系统由驾驶舱控制，飞行前置于"预位"(ARMED)位置。在"预位"时，如果所有电源中断，所有内部、外部应急灯自动打开照明。驾驶舱应急灯开关按规定放置在"开"的位置，飞行员可随时打开应急灯。无论驾驶舱将应急灯开关放置在何位置，乘务员都可以，可以随时打开应急灯。防止在紧急情况下机组人员失忆，乘务员可以独立操作，组织乘客撤离，如图 1-74 和图 1-75 所示。

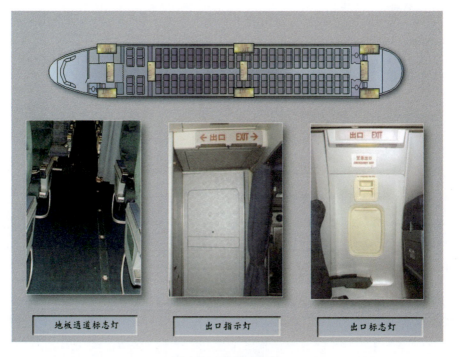

图 1-74　客舱应急灯

图 1-75　驾驶舱和客舱应急灯开关

练习题

1. 波音 737-800 型飞机 L1 门控制面板可以控制客舱哪些系统？
2. 波音 737-800 型飞机客舱顶灯共有几个挡位？开餐、夜航飞行时应分别调节在哪个挡位？
3. 波音 737-800 型飞机客舱窗灯共有几个挡位？分别是什么？
4. 波音 737-800 型飞机是在哪个控制面板操作客舱灯光？
5. 波音 737-800 型飞机 L1 门控制面板娱乐系统开关的作用是什么？
6. 波音 737-800 型飞机 L2 门控制面板有哪些内容？
7. 波音 737-800 型飞机水箱容量是多少加仑？清水表剩余量为多少时视为警戒线？
8. 污水表左侧"CLEAN CHECK"键的作用是什么？
9. 污水表下方"PRESS TO TEST"键的作用是什么？如何操作？
10. 波音 737-800 型飞机应急灯作用是什么？如何使用？

第八节　呼叫系统

为了便于乘客能及时呼叫到乘务员，也为了保持机组之间信息畅通，在飞机前/后进出口处、乘客座位上方、乘务员座位上方，均设有呼叫显示装置。

一、呼叫系统的分类

飞机上的呼叫可分为3种，即客舱呼叫、卫生间呼叫和机组呼叫。当有人呼叫时该装置的显示灯就会亮起，并伴随着铃声，提示乘务员有人呼叫，如图1-76所示。

图1-76　呼叫系统

二、呼叫显示和解除方法

（1）客舱呼叫。前/后乘务员座位上方蓝色灯亮，一声单高音。解除方法是：走到乘客面前按一下呼叫按钮。

（2）卫生间呼叫。靠近卫生间的乘务员座位上方琥珀色灯亮，一声单高音。解除方法是：进入卫生间按一下呼叫按钮或按一下卫生间外面壁板上方琥珀色呼叫灯。

（3）驾驶舱或乘务员之间呼叫，前/后乘务员座位上方粉红色灯亮，一声高音一声低音。解除方法是：按一下话机上"RESET"键或挂机。

（4）飞机起飞前3min，下降后8min禁止呼叫驾驶舱。

呼叫系统显示如图1-77所示。

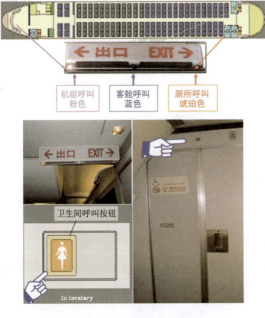

图1-77　呼叫系统显示

案例 1-8 "客舱呼叫反应迟钝"

CA985 航班，民航资源网李先生对该航班中的一些"小事"进行了描述：①因耳机故障乘客按呼叫铃，等待了 20min 后才看到乘务员前来询问，在此期间先后有 4 位乘务员经过，但无人察觉。而这位空乘询问"你有什么事？"后，又等 10min 才给我拿来新的耳机，没有一声道歉，反而紧锁着眉头；②一位乘客因耳机的娱乐系统有杂音，按呼叫铃，一位乘务员走过来，开口便说："有事吗？要是没事不要按呼叫铃。"

点评分析：

(1) 乘务员在工作中必须加强对呼叫铃的敏感意识，及时回复乘客的需求。

(2) 注意语言技巧，应首先询问客人："请问您是否需要帮助？"之后根据实际情况，迅速解决乘客提出的问题。如是误操作，无意间碰到呼叫铃，也应以热情的态度告知乘客："如需帮助请按呼叫铃。"

练习题

1. 飞机上客舱呼叫系统分别有哪几种显示方法？
2. 波音 737-800 型飞机卫生间呼叫如何解除？
3. 客舱呼叫系统显示的是什么颜色？
4. 乘务员之间呼叫系统显示的是什么颜色？
5. 驾驶舱呼叫客舱乘务员出现怎样的声音？

第九节 内话机及客舱广播

波音 737-800 型飞机客舱内共有两部二合一多用话机，分别位于前、后乘务员座席处，用于乘务员相互之间通话、与驾驶舱通话、对客舱广播及报警等。通过电话机面板上的数字按键转换，可实现各种目标，如图 1-78 所示。

一、内话机的使用方法

(1) 从存放支架上取下内话机，按住数字键"2"与驾驶舱通话。

(2) 按住数字键"5"可进行乘务员之间通话。

(3) 按出数字"222"报警，紧急呼叫驾驶舱。

(4) 按"RESET"键或将话机挂回支架均可复位。

图 1-78　内话机

二、客舱广播

(1) 从存放支架上取下话机按数字键"8"。

(2) 持续按住"PTT"送话键，即可对客舱进行广播。

(3) 按"RESET"键或将话机挂回支架即可复位。

三、飞机上客舱广播的优先等级

客舱广播设有等级超控系统，一旦出现特殊情况，需要紧急通知广播，客舱里只需要听到一个声音，其他一切娱乐系统立即被切断。客舱广播等级排序如下。

驾驶舱
↓
乘务员
↓
预录广播
↓
机上录像
↓
登机音乐
↓
耳机频道

练习题

1. 请写出波音 737-800 型飞机内话机的功能。
2. 请写出波音 737-800 型飞机内话机“2” 或“5”或“8”或“RESET”键的作用。
3. 使用内话机前应注意什么问题?
4. 机上内话系统的优先等级是什么?
5. 飞机起飞后、落地前多少分钟内禁止与驾驶舱联系?

第十节　音 频 系 统

波音 737-800 型飞机配置一套音频设备，用于乘客登机、下机时使用。播放登机音乐是为了活跃客舱气氛，调节乘客情绪，缓解疲劳等。该系统还具备预录功能，可以把所需要的内容事先录制输入该系统中，使用时可通过不同数字按键转换，播放出所需要的内容。该设备还可以有多种语言的选择，根据不同航线、不同国家选择不同语种。航空公司按照工作流程，将固定广播内容或应急部分内容输入其中。例如，欢迎词、客舱设备介绍、下降广播、紧急撤离、客舱失压等内容储存在内，便于以此替代人工广播，如图 1-79 所示。

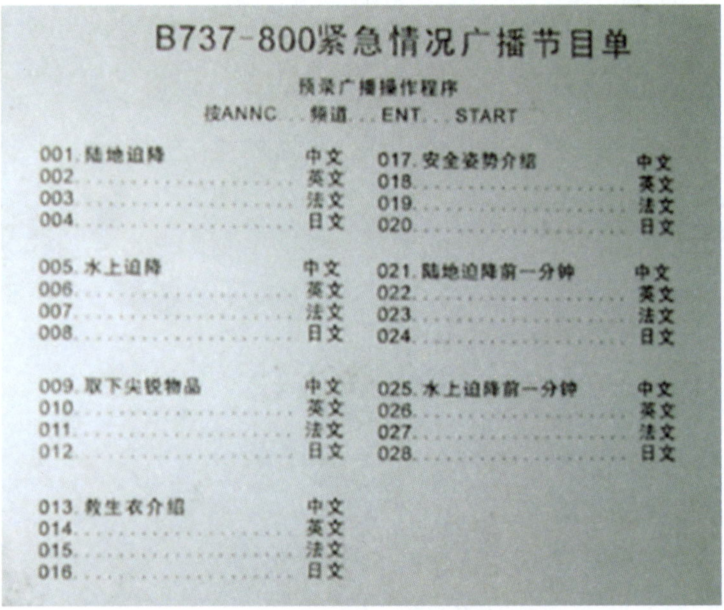

B737-800紧急情况广播节目单

预录广播操作程序

按ANNC...频道...ENT...START

001.陆地迫降	中文	017.安全姿势介绍	中文
002....................	英文	018....................	英文
003....................	法文	019....................	法文
004....................	日文	020....................	日文
005.水上迫降	中文	021.陆地迫降前一分钟	中文
006....................	英文	022....................	英文
007....................	法文	023....................	法文
008....................	日文	024....................	日文
009.取下尖锐物品	中文	025.水上迫降前一分钟	中文
010....................	英文	026....................	英文
011....................	法文	027....................	法文
012....................	日文	028....................	日文
013.救生衣介绍	中文		
014....................	英文		
015....................	法文		
016....................	日文		

图 1-79　广播内容目录表

一、音频面板介绍

(1) 显示屏。可以看到当前播放的内容。

(2) 预录广播键。开启预录广播开关。

(3) 登机音乐键。开启登机音乐开关。

(4) 音量调节旋钮。调节音量大小。

(5) 开始键。开始广播。

(6) 停止键。结束广播。

登机音乐操作面板如图1-80所示。

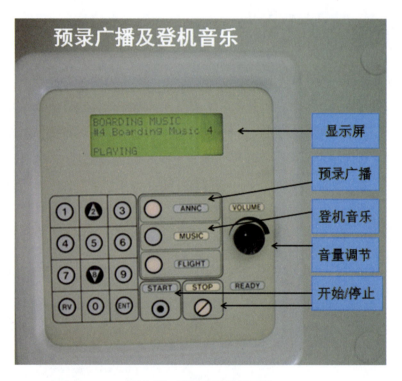

图1-80 登机音乐操作面板

二、操作程序

(1) 按登机音乐键。

(2) 选择音乐，按数字键。

(3) 按"READY"键。

(4) 按"START"键。

(5) 结束时按"STOP"键。

三、注意事项

(1) 记住不同数字键代表不同的内容，切勿按错。

(2) 播放的音量大小以不影响两个人交谈为宜。

(3) 乘客登机完毕后，必须按停止键，否则将占用全部耳机频道。

四、播音等级

(1) 驾驶舱。

(2) 内话机超控拨号。

(3) 内话机拨号。

(4) 录像机。

(5) 登机音乐。

(6) 旅客娱乐系统。

为了方便乘客的手提电脑或其他个人电子设备的使用，有的飞机安装了不同型号的电源接口和电源插座。目前许多航空公司的远程航班上，每位乘客只需通过手中控制面板就可以独立选择自己喜欢的视频和音频、游戏、上网等服务。

练习题

1. 波音737-800型飞机L1门控制面板音频系统由几部分组成？分别是什么？
2. 登机音乐的作用是什么？如何调节音量的大小？
3. 什么叫作预录广播？作用是什么？
4. 打开登机音乐后，乘客可以通过耳机听到声音吗？
5. 波音737-800型飞机L1门控制面板音频系统在客舱的哪个位置？

第十一节　视频播放

随着高科技、数字化、信息化技术的发展和应用，卫星电视已经进入航空领域，各家航空公司为了丰富乘客机上娱乐方式，纷纷在选机型时安装了卫星导航播放系统，乘客可以通过Air Show了解到自己所乘坐的飞行高度、飞行速度、方位、途经地标、外界温度、终点站温度及到达时间等，可以收看到电视节目、新闻联播、广告宣传、空中博览、美国电影和安全须知等，还可以通过大屏幕观赏到飞机起飞落地的全过程。

波音737-800型飞机放映机设置在飞机前部L1门处,其中有一台主机、两台录像机,客舱里设有20个悬吊式液晶显示屏,放映时通常由带班乘务长负责操作,如图1-81所示。

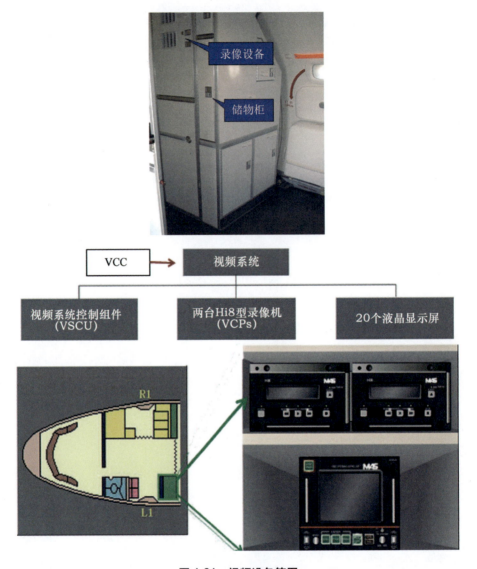

图1-81 视频设备简图

一、直接放映

(1) 按"SYST PWR"键,打开电源。

(2) 轻触屏幕上闪烁的"CONT"键。

(3) 在VCP内插入磁带。

(4) 在放映屏幕上选择闪烁的区域"ZONE A"。

(5) 轻触"VIDEO 1"或"VIDEO 2"。

(6) 在 VSCU 控制面板上轻触"EXEC"键。

二、伸缩式屏幕

(1) 按"EXEC"键时，客舱顶部 20 部电视显示屏向下放出。

(2) 显示屏在向下放出过程中如果碰到物体将自动收回，并且在 5s 或 10s 内再次放出，反复 3 次后不再向下放出。客舱伸缩式视频设备如图 1-82 所示。

图 1-82　客舱视频设备

三、预放电视节目（不对客舱播放）

(1) 按"SYST PWR"键，打开电源。

(2) 轻触屏幕上闪烁的"CONT"键。

(3) 在放映屏幕上选择闪烁的区域"ZONE A"。

(4) 轻触"VIDEO 1"或"VIDEO 2"。

(5) 在主机上按"P 阻止 V"键。

(6) 在视频预映屏幕/插入磁带显示上轻触"VIDEO"。

(7) 在 VCP 控制屏幕上轻触"PLAY"。

(8) 感到满意时，在 VCP 控制屏幕上按"STOP"和"P 阻止 V"键。

(9) 放映时，在 VSCU 控制面板上轻触"EXEC"键。

视频操作如图 1-83 所示。

图 1-83　视频操作

四、录像机 (VCP) 使用

(1) 开启电源，VCP 上的电源键会显示绿色。

(2) 当磁带被正确插入录像机时，录像机上橘黄色指示器灯亮。

(3) 控制面板上的功能键操作：STOP(停止)。

(4) REW(倒带)、PLAY(放映)、FF(快进) 和 EJECTa(退出录像带)。

(5) 按"PLAY"键，录像机开始播放。

VCP 操作如图 1-84 所示。

图 1-84　VCP 操作

练习题

1. 波音737-800型飞机视频系统可以实现多少项功能？试举出2～3项。
2. 客舱伸缩式屏幕有哪些特点？
3. 如何使用波音737-800型飞机视频系统？
4. 波音737-800型飞机视频系统放置在客舱哪个区域？
5. 打开波音737-800型飞机视频系统，乘客可以通过耳机听到声音吗？

第二章
空客 A320 型飞机

  空中客车 A320 系列飞机是欧洲空中客车工业公司研制生产的单通道双发中短程 156 座级客机，是第一款使用数字电传操纵飞行控制系统的商用民航客机。

  空客 A320 系列飞机在设计上提高了客舱适应性和舒适性，并且满足航空公司低成本运营中短程航线的需求。空客 A320 系列飞机包括 A318、A319、A320 和 A321 在内组成了单通道飞机系列。它们的最大共性就是经济性和舒适性。

  本章将为大家详细介绍空客 A320 飞机设备和使用方法。

第一节　空客 A320 型飞机基本数据

空客 A320 是一种中短程、单通道、亚音速运输飞机，装有两台涡轮风扇发动机。机身横切面为圆形，除头部、尾椎、起落架舱及空调舱外全部为增压舱。客舱乘客座位布局根据运营需要安排，经审定最多可布置 180 个乘客座位。乘务员座椅可以视情况而定，但最少强制个数为 4 个。

空客 A320 型飞机与波音 737-800 型飞机一样，也是典型的客机式设计，下单翼、上反角、后掠式、低水尾、单垂尾、双涡轮风扇发动机，发动机采用翼吊式。起落架为前三点式，主起落架为两柱式，每柱两轮，前起落架两轮。

一、基本数据

在本节中将学习飞机外观的总体结构，了解飞机机头、机身、机翼和机尾的组成以及飞机服务系统和飞机的相关数据。

1. 飞机机体数据

空客 A320 飞机机体数据如图 2-1 所示。

(1) 机长：37.57m。

(2) 翼展：34.1m。

(3) 机高：12.14m。

2. 飞机限制重量

(1) 最大起飞全重：83t。

(2) 最大着陆全重：73.5t。

(3) 最大载油量：18.6t。

(4) 最大业载：21.6t。

(5) 载客量：185 人。

3. 飞机性能数据

(1) 最大飞行高度：39000 英尺 (11212m)。

(2) 巡航高度：9000/10000m。

(3) 最大巡航速度：0.86 马赫（约 896km/h）。

(4) 正常巡航速度：848km/h。

(5) 航程：5700km。

(6) 最大着陆速度：250km/h。

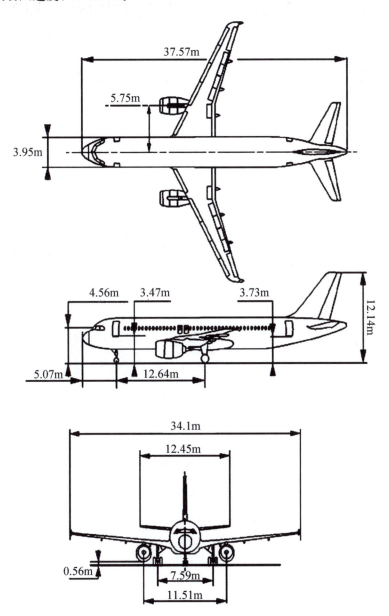

图 2-1　空客 A320 型飞机几何数据

二、客舱布局

空客 A320 型飞机是一架中短程、单通道窄体客机，多用于国内航线飞行，如图 2-2 所示。

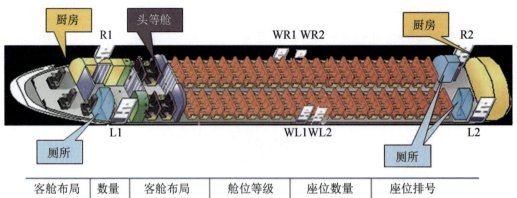

客舱布局	数量	客舱布局	舱位等级	座位数量	座位排号
机门	4/4	A舱	F舱	8	1～3
卫生间	3	B舱	Y舱	150/156	1～35
厨房	2				
乘务员数量：6人		座位总数：164 紧急出口座位：19ABC-J K L　20ABC-J K L			
		158 紧急出口座位：18ABC-J K L　19ABC-J K L			

(a)

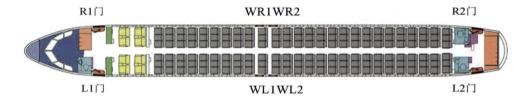

(b)

图 2-2　客舱布局

座位数：单极客舱布局 180 个，两极客舱布局 150 个。

(1) 客舱门：4 个。

(2) 翼上应急出口：4 个。

(3) 货舱门：2 个。

(4) 单通道。

(5) 两级布局：头等舱、经济舱。

(6) 厨房：2 个。

(7) 卫生间：3 个。

(8) 乘务员座席：6 个。

(9) 衣帽间：2 个。

(10) 储物柜：5 个。

(11) 隔板。

(12) 摇篮、摇篮插孔。

(13) 帘子。每个舱之间通道处,飞机起飞、落地时必须收起、扣好。

(14) 乘客视频、音频娱乐系统。

练习题

1. 空客飞机的总部设在法国的哪个城市?
2. A320 型飞机机长、机高、翼展分别是多少米?
3. A320 型飞机巡航高度、最大巡航速度、最大航程分别是多少公里?
4. 请画出 A320 型飞机客舱平面图,标出机门、应急窗、卫生间、厨房的位置。
5. A320 型飞机有多少个乘务员座席?载客人数是多少?

第二节　空客 A320 型飞机舱门

空客 320 型飞机共备有 I 型门 4 个。每个舱门都有一套完整开启/关闭舱门操作设施。在紧急情况下,所有的舱门可以做应急撤离出口使用。左侧 L1、L2 是登机门,作为主要乘客上下飞机使用,L1 门为主要登机门。右侧 R1、R2 是服务门,主要用于装卸食品车和清洁车使用,如图 2-3 所示。

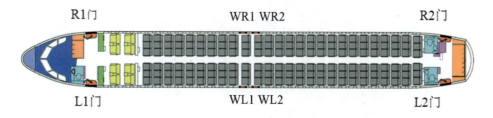

图 2-3　舱门位置

一、舱门结构

空客 320 I 型门由舱门锁定指示器、辅助手柄、安全销存放插孔、分离器组件组、观察窗、阵风锁、警示带、舱门支撑臂、操作舱门手柄、滑梯包和滑梯压力表组成,如图 2-4 所示。

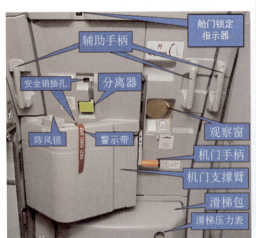

图 2-4　舱门结构

二、滑梯分离器

滑梯分离器装置位于舱门中部,是一组使滑梯充气或阻止滑梯充气的设备装置,在正常情况下,滑梯不充气,应急撤离时滑梯充气,如图 2-5 所示。

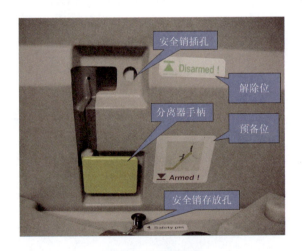

图 2-5　滑梯分离器

1. 滑梯分离器结构

(1) 安全销插孔。

(2) 手柄:端部为黄色或灰色。

(3) 安全销:顶部有释放按钮。

(4) 警示带:红色。

(5) 手柄位置指示牌。

DISARMED：绿色滑梯解除预位。

ARMED：红色滑梯预位。

2. 安全销

当分离器处于解除位置时，插入安全销，阻止滑梯充气；滑梯处于预位状态时，安全销放在储藏孔内，如图 2-6 所示。

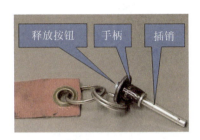

图 2-6　安全销

三、观察窗

1. 观察窗

观察窗位于舱门中部，直径约 15cm。用于观察飞机外部情况，是否可以安全打开舱门，撤离时用来判断外面的情况，有无障碍物、火灾、泥潭等，如图 2-7 所示。

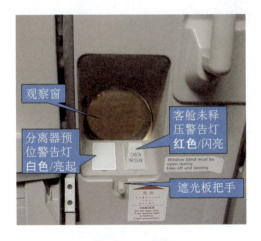

图 2-7　观察窗

2. 警告灯

在观察窗下面有两个警告灯，正常情况下开启舱门，两个警告灯都不亮。

如果出现白灯亮，说明滑梯没有解除，需要重新确认分离器；如果红灯闪亮，说明客舱没有完全释压。解决方法：关闭舱门，报告机长，等待开门的命令。

（1）白色，平面长方形，当滑梯预位时，拉动舱门控制手柄，警告灯亮。

（2）红色，三角形凸起。当发动机已关闭，滑梯预位已解除，但客舱内外压差没有完全解除，打开舱门时"CABIN PRESSURE"（客舱未释压警告灯）闪亮。

四、阵风锁

阵风锁位于舱门中部，是一个白色按钮，起到固定舱门的作用。当舱门完全被打开时需要阵风锁锁定，防止舱门移动碰撞受到损坏。关闭舱门时需要按住阵风锁，借助下方机门把手的力量向里拉动，直至舱门关闭，如图2-8所示。

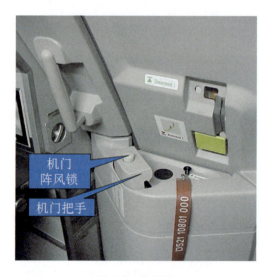

图2-8 阵风锁

五、舱门锁定指示器

（1）舱门锁定指示器位于舱门上方两侧，用于检查舱门是否完全关好。

（2）舱门关好后出现"LOCKED"绿色字样。

（3）没有关好出现"UNLOCKED"红色字样，如图2-9所示。

图2-9 舱门锁定指示器

六、滑梯预位操作

1. 滑梯预位

(1) 向上抬起滑梯预位舱罩。

(2) 按住安全销顶部释放按钮，将安全销拔出，插入安全销存放孔内，展平警示带。

(3) 向下按住滑梯预位手柄至与舱门平齐。

(4) 将滑梯预位手柄舱罩盖好。

注意： 如果滑梯预位手柄处在"AMRED"（预位）位置时，从外侧开门，滑梯将自动回到"DISARMED"（解除预位）位置。

2. 解除滑梯预位

(1) 向上抬起滑梯预位舱罩。

(2) 向上抬起滑梯预位手柄至解除位置。

(3) 取出安全销。

(4) 按住释放按钮，插入安全销孔内，使警示带垂放在手柄上。

(5) 将滑梯预位手柄舱罩盖好。

3. 注意事项

(1) 飞机开始移动退出或飞机到达完全停稳后才可操作分离器。

(2) 必须在乘务长下达口令之后，才可操作分离器。

(3) 操作完分离器一定要严格执行互检制度，防止滑梯在非正常情况下充气，如图 2-10 所示。

 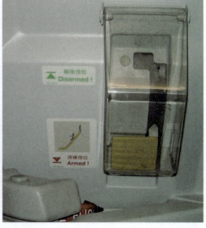

图 2-10　滑梯预位操作

七、舱门操作

1. 内部打开舱门

(1) 确认释压警告灯未闪亮。

(2) 确认滑梯预位手柄在解除位置。

(3) 确认舱门外无障碍物。

(4) 向上开启舱门操作手柄,确认滑梯预位警告灯未亮。

(5) 将舱门操作手柄向上开启。

(6) 将舱门向外推到全开位置,直至被阵风锁锁住。

注意: 一旦发现释压警告灯闪亮,不要开门,同时报告机长。

内部打开舱门,如图2-11所示。

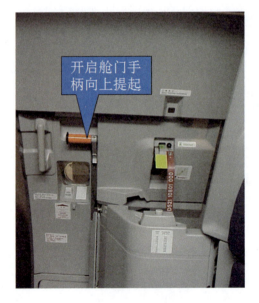

图2-11 内部打开舱门

2. 内部关闭舱门

(1) 一手抓住辅助手柄。

(2) 一手按住阵风锁按钮,顺势向内拉舱门。

(3) 向下压舱门操作手柄直至关闭。

(4) 确认舱门指示牌位于锁定状态(LOCKED)。

(5) 确认舱门完全关闭,没有任何夹杂物,如图2-12所示。

图 2-12 内部关闭舱门

3. 外部打开舱门操作

(1) 确认舱门外无障碍物。

(2) 从观察窗处确认客舱未释压，警告灯未闪亮。

(3) 按进手柄解锁板。

(4) 将手柄向上抬起，至绿色水平线。

(5) 舱门向外拉到全开位置，直至被阵风锁锁住，如图 2-13 所示。

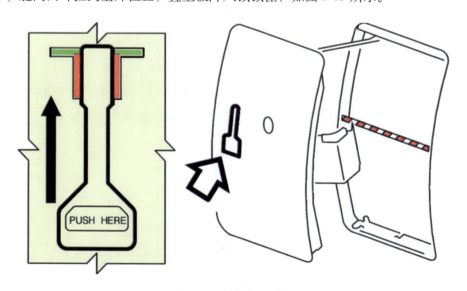

图 2-13 外部打开舱门

4. 外部关闭舱门操作

(1) 将阻拦绳收回。

(2) 确认舱门内、外无障碍物。

(3) 按住解除阵风锁按钮并保持住,待舱门拉动后再放开。

(4) 将舱门推回至舱内。

(5) 将舱门外部控制手柄压下至与舱门平齐,松锁板弹起至与舱门平齐,将舱门关好。

(6) 检查舱门密封状况,确认舱门没有夹杂物。外部手柄:手柄槽内底部有手柄松锁板(PUSH HERE),如图2-14所示。

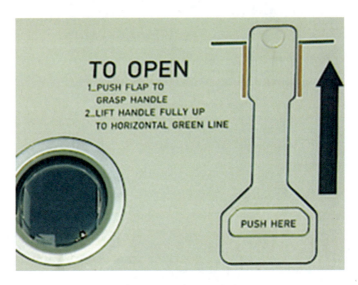

图2-14 外部关闭舱门

八、阻拦绳

门框一侧有阻拦绳,是一条黄黑相间的布带,可收回至门框一侧内,使用时拉出,挂在另一侧门框内的挂钩上。当舱门打开后,舱门外无任何衔接物,必须挂上阻拦绳。在关门前必须收回。

练习题

1. A320型飞机舱门锁定指示器的作用是什么?

2. A320型飞机舱门滑梯分离器安全销有什么作用?在什么情况下使用?

3. A320型飞机舱门滑梯分离器装置由哪几部分组成?

4. A320型飞机"DISARMED"和"ARMED"分别代表什么含义?

5. A320 型飞机在观察窗下面的白色警告灯亮作用什么？

6. A320 型飞机在观察窗下面的红色警告灯说明什么情况？

7. A320 型飞机舱门阵风锁位于何处？如何使用？

8. A320 型飞机从外部打开舱门滑梯会自动充气吗？

9. A320 型飞机分离器的操作程序是什么？

10. A320 型飞机正常开 / 关舱门操作程序是什么？

第三节　内话机及客舱广播系统

A320 型空客飞机内话机、广播器位于驾驶舱内及各舱门乘务员座椅处，用于机组内部通话和对客舱广播，可以通过不同按键转换实现它的各项功能。另外，还配置一个小型 AIP 信息显示面板，无论谁呼叫还是通话、广播，该面板上都会有文字显示，告知内话机被占用及其他信息。

一、空客 A320-AIP 信息显示面板

靠近乘务员座椅一侧壁板处，设有 AIP 信息显示面板。显示驾驶舱、乘务员、乘客、卫生间呼叫及内话机使用的状态，该面板上是用英文显示信息内容。

左侧红灯，在有紧急呼叫时亮；如果闪亮表示程度更加紧急。

右侧绿灯，在正常呼叫时亮。

中间为液晶显示屏，信息内容（英文）如图 2-15 所示。

图 2-15　AIP 信息显示面板

二、内话机

在 L1 门和 L2 门设有内话机。通过按不同电话键可以与驾驶舱通话、乘务员之间通话，还可以对客舱进行广播，如图 2-16 所示。

图 2-16　内话机

1. 内话机结构

内话机由 4 部分组成：听话、键盘、送话键（PPT）及送话，如图 2-17 所示。

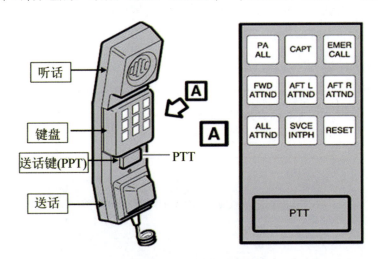

图 2-17　内话机广播系统

2. 内话机操作

1) 呼叫驾驶舱以 L1 门为例

(1) 取下内话机，AIP 显示 #。

(2) 按 CAPT 键，AIP 显示 CALL CAPT。

(3) 等待应答。

(4) 通话完毕后将内话机挂回复位。

2) 乘务员间内话呼叫（以 L1 呼叫 L2 或 R2 为例）

(1) 取下内话机，AIP 显示 #。

(2) 按 AFT ATTND 键，AIP 显示 CALL DOOR 2 ATTND，等待应答。

(3) L2 及 R2 门处响起高低双谐音一次"叮咚"，ACP 粉色指示灯亮，AIP 绿色指示灯亮，显示 CALL DOOR 1 ATTND。

(4) 取下 L2 或 R2 门内话机即可接听。

(5) 通话完毕，将内话机挂回。

3) 乘务长内话呼叫全体乘务员

(1) 取下内话机，AIP 显示 #。

(2) 按 ALL ATTND 键，AIP 显示 CALL ALL，等待应答。

(3) 其他所有内话机处均会响起高低双谐音一次"叮咚"，ACP 粉色指示灯亮，AIP 绿色指示灯亮，显示 CALL ALL。

(4) 取下内话机即可接听。

(5) 通话完毕，将内话机挂回。

注意： 接听时不要按送话键；否则声音会进入客舱进行广播。通话完毕，先按 RESET 键后再将内话机复位；上机后应检查内话机的工作状况。

4) 客舱广播操作

(1) 按 PA ALL 键，再按住送话键，可对全客舱进行广播。

(2) 按 EMER CALL 键，再按住送话键，可进行紧急呼叫（见应急课程）。

(3) 按 PA FWD 键，再按住送话键，可对前舱广播。

(4) 按 PA AFT 键，再按住送话键，可对后舱广播。

(5) 按 FWD ATTND 键，再按住送话键，可呼叫 1 号门内话机。

(6) 按 MID ATTND 键，再按住送话键，可呼叫 2 号门内话机。

(7) 按 EXIT ATTND 键，再按住送话键，可呼叫 3 号门内话机。

(8) 按 AFT ATTND 键，再按住送话键，可呼叫 4 号门内话机。

(9) 按 SVCE INTPH 键，再按住送话键，可呼叫地面机务。

(10) 按 RESET 键，重置内话机，并将内话机复位。

5) 注意事项

上机后需检查广播系统的工作状况；广播时不可吹或拍打话筒；广播中需停顿时，松开送话键；广播完毕后可先按重置键，再将内话机复位，以免有噪声进入客舱。除特殊情况外，不要使用机组全体呼叫，否则会影响驾驶舱工作。

内话机如图 2-18 所示。

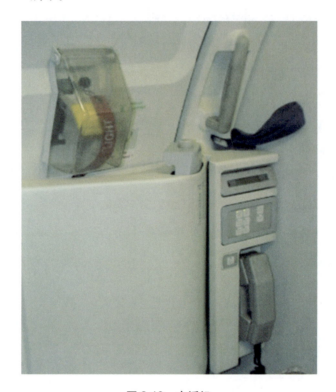

图 2-18　内话机

练习题

1. A320 型飞机内话机、广播器分别位于飞机的哪个区域？

2. 请叙述 A320 型飞机内话机操作呼叫驾驶舱步骤。

3. A320 型飞机 AIP 信息显示面板在客舱的哪个位置？

4. A320 型飞机乘务长内话呼叫全体乘务员时，乘务长按 ALL ATTND 键，AIP 显示什么信息？

5. A320 型飞机 AIP 信息显示面板左侧红灯亮或闪亮、右侧绿灯亮分别表示什么？

6. 取下内话机按 PA ALL 键或按 EMER CALL 键或按 ALL ATTND 键或按 CALL DOOR 1 ATTND 键分别表示什么？

第四节　空客 A320 型飞机呼叫显示系统

空客 A320 型飞机在乘客座椅上方设有各种服务设备，统称为 PSU 组件。分别设有 PIU 信息显示、阅读灯、通风孔、氧气面罩、电视屏幕、扬声器、呼叫按钮、座椅排号等。本节着重介绍呼叫系统的使用方法，如图 2-19 所示。

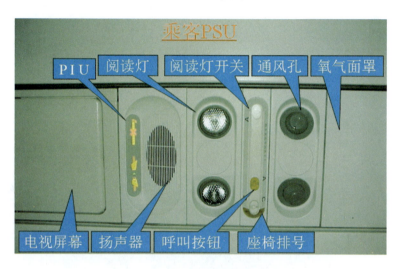

图 2-19　呼叫系统

一、呼叫系统

1. 客舱呼叫

(1) 客舱呼叫按钮位于乘客座椅上方 PSU 面板上。

(2) 当飞机在地面舱门打开时，如有乘客呼叫，PSU 面板上呼叫指示灯闪亮，无声。

(3) 当舱门全部关闭后，如有乘客呼叫，乘客 PSU 上指示灯亮，同时伴有单高谐音"叮"一声。

(4) 乘务员座椅上方 ACP 蓝色指示灯亮，听到一声单高谐音。

(5) AIP 绿色指示灯亮，显示呼叫位置、排数及左右 (L 或 R) 方向。

(6) 解除方法：按该乘客 PSU 呼叫按钮，如图 2-20 所示。

2. 卫生间呼叫

(1) 外部壁板上方琥珀色灯亮。

(2) AIP 绿色灯亮，显示发出呼叫卫生间的位置 (LAV A：L1 门卫生间；LAV D：L2

门卫生间；LAV E：R2 门卫生间）。

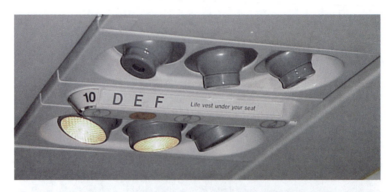

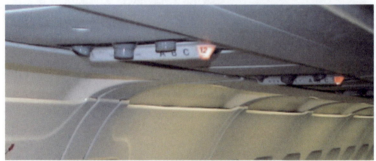

图 2-20 客舱呼叫

(3) 乘务员座席处可听到单高谐音"叮"一声。

(4) 解除方法：按该卫生间内呼叫按钮或按外部壁板上方琥珀色灯，如图 2-21 所示。

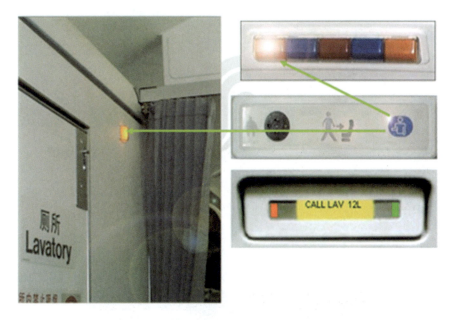

图 2-21　卫生间呼叫

3. 机组间呼叫

(1) 机组呼叫乘务员，前 / 后乘务员座席上方呼叫显示面板粉色灯亮，双音钟声。

(2) 解除方法：按话机上 RESET 键。

二、呼叫显示面板

在乘务员座席上方分别有区域呼叫显示面板（Area Call Panel），不同颜色灯亮和响声，代表来自不同方位和不同人员的呼叫，如图 2-22 所示。

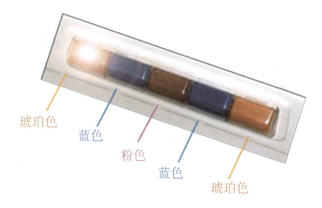

图 2-22　呼叫面板

(1) 蓝色灯亮表示客舱有人呼叫，如图 2-23 所示。

图 2-23　客舱呼叫

(2) 琥珀色灯亮表示厕所呼叫或卫生间烟雾报警，如图 2-24 所示。

图 2-24　卫生间呼叫

(3) 粉红色灯亮表示驾驶舱内话呼叫及乘务员之间内话呼叫，如图 2-25 所示。

图 2-25　机组呼叫

练习题

1. 当 A320 型飞机地面舱门呈打开状态时，乘务员如何发现客舱有人呼叫？
2. 在 A320 型飞机乘务员座席上方分别有区域呼叫显示面板，蓝色、粉色、琥珀色灯亮和不同响声分别表示哪些人员呼叫？

3. 在 A320 型飞机乘客座椅上方设有各种服务设备，统称为 PSU 组件。请写出与波音 737-800 型飞机 PSU 组件不同点。

4. 当 A320 型飞机舱门全部关闭后，如有乘客呼叫，PSU 指示灯亮，同时伴有怎样的声响？

5. A320 型飞机在乘务员座席上方呼叫显示面板 /Area Call Panel 琥珀色灯亮表示的是什么情况？

第五节　乘务员控制面板

空客 A320 型飞机共有两块乘务员控制面板，位于 L1 门和 L2 门处。共有两种操作方法，分别是触摸式和液晶显示。使用触摸式控制面板可以操作客舱灯光、预录广播、登机音乐，查看清水使用状况、污水马桶堵塞处理、烟雾报警等。液晶显示屏除具有以上功能外，还增加了监控客舱温度、舱门、滑梯状态。

L1 门控制面板如图 2-26(a)、图 2-26(b) 所示。

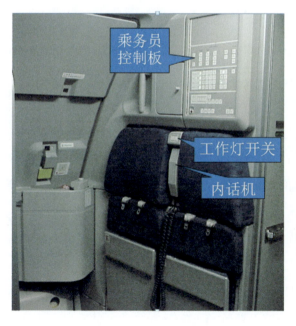

(a)

图 2-26　L1 门控制面板

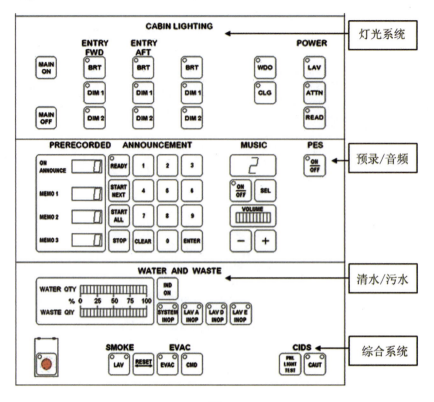

(b)

图 2-26 L1 门控制面板（续）

一、触摸式控制面板

1. L1 门控制面板

1) 灯光系统操作

(1) MAIN ON。灯光系统打开，可同时打开前后入口灯、客舱顶灯、客舱窗灯、厕所灯、乘务员工作灯及乘客阅读灯。

(2) MAIN OFF。灯光系统关闭，可同时关闭前后入口灯、客舱顶灯、客舱窗灯、厕所灯、乘务员工作灯及乘客阅读灯。

(3) ENTRY FWD，前入口灯（L1 门与 R1 门之间顶板处）开关；ENTRY AFT，后入口灯（L2 门与 R2 门之间顶板处）开关。

(4) CABIN LIGHTING。客舱灯开关。

客舱灯开关分为 BRT（亮度 100%）、DIM 1（亮度 50%）、DIM 2（亮度 10%），使用时重复按压所在挡位按键，该部分灯光将会关闭。

(5) WDO。客舱窗灯开关。

(6) CLG。通道灯(客舱顶灯)开关。

(7) POWER。其他灯光电源开关。

① LAV。厕所灯电源开关。

② ATTN。乘务员工作灯电源开关。

③ READ。乘客阅读灯电源开关。

注意： 每个按键的左上角内藏指示灯，当打开此挡位时，绿色指示灯亮，关闭时橙色指示灯亮，如图2-27和图2-28所示。

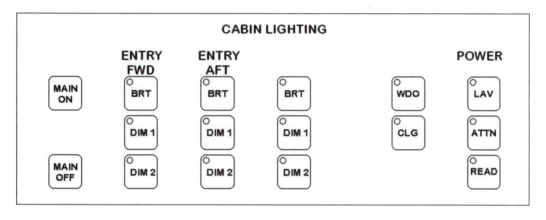

图2-27　L1门灯光控制面板

图2-28　客舱顶灯和窗灯

2) 预录/音频系统介绍

预录广播是航空公司把飞行中所需要的内容事先输入系统内，需要播放时按照设定的数字键打开预录广播。如欢迎词：可按001，下降广播：002，陆地撤离：003等，这样便于操作，替代人工广播。

(1) PRERECORDED ANNOUNCEMENT：预录广播系统，如图 2-29 所示。

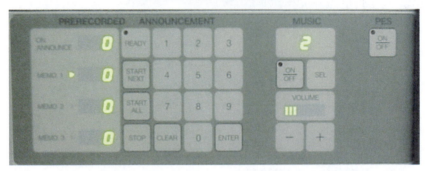

图 2-29　预录/登机音乐

(2) 左侧：广播及记忆项目系统。

① ON ANNOUNCE：正在广播项目。

② MEMO 1：记忆项目 1。

③ MEMO 2：记忆项目 2。

④ MEMO 3：记忆项目 3。

(3) 右侧：操作系统。

① READY：系统准备好，左上角内藏指示灯亮。

② START NEXT：广播下一个记忆项目。

③ START ALL：广播所有记忆项目。

④ STOP：停止广播。

⑤ 1—0：数字键。

⑥ CLEAR：清除键。

⑦ ENTER：输入键。

(4) MUSIC：登机音乐系统，如图 2-30 所示。

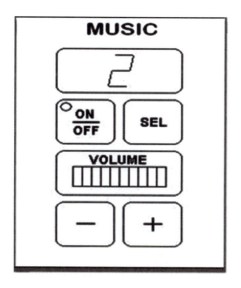

图 2-30　登机音乐系统

① 显示屏：显示频道 2，代表准备播放第 2 首音乐。

② ON / OFF：系统开关。

③ SEL：频道选择键。

④ VOLUME：音量显示。

⑤ "-"：音量减小。

⑥ "+"：音量增加。

(5) PES：旅客娱乐系统。

① 旅客娱乐系统开关。如果此开关在关闭位置，旅客耳机内无声，如图 2-31 所示。

② 一旦需要声音进入耳机时，需将此键放到 ON 位置。

3）清水和污水系统

(1) 水箱位于飞机的货舱后部，容积为 200L。WATER QUANTITY 清水表，用于饮用及洗手池，起飞前应在"100%"满位，WASTE QUANTITY 污水表应在空位。

清水和污水系统控制面板，如图 2-32 所示。

图 2-31 娱乐系统

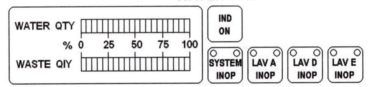

图 2-32 清水和污水系统控制面板

(2) 清水和废污系统介绍。

① WATER QTY：饮用水水表，发光液晶显示屏，以百分比显示。

② WASTE QTY：污水水表。

③ IND ON：检测键，按住此键，水表同时显示饮用水及污水水量。

④ SYSTEM INOP：厕所系统故障警告灯，当内藏指示灯亮时，所有厕所马桶停止工作。

⑤ LAV A INOP：LAV A 厕所马桶故障。

⑥ LAV D INOP：LAV D 厕所马桶故障。

⑦ LAV E INOP：LAV E 厕所马桶故障。

4）综合系统

(1) 应急灯开关：带有保护罩红色按键应急灯开关。

① 在紧急撤离时，提供视觉及听觉的警示。

② 客舱及驾驶舱扬声器发出连续刺耳的蜂鸣。

③ 所有乘务员信息板 AIP 上出现 EVACUATION ALERT 字样。

④ 每个紧急出口都有明确显示，在夜间及客舱充满烟雾时为紧急撤离提供了明确的出口指示。

(2) SMOKE LAV：厕所烟雾报警，当厕所有烟雾时，内藏指示灯闪亮。

(3) RESET：解除键，可解除 FAP 处厕所烟雾报警及紧急撤离命令铃声。

(4) EVAC：应急报警显示，发出响声和闪亮。

(5) CIDS：客舱内话及数据系统。

① PNL LIGHT TEST：指示灯测试按键，按住此键，所有内藏指示灯及液晶显示屏亮起。

② CAUT：当系统出现故障时，内藏指示灯闪亮，如图 2-33 所示。

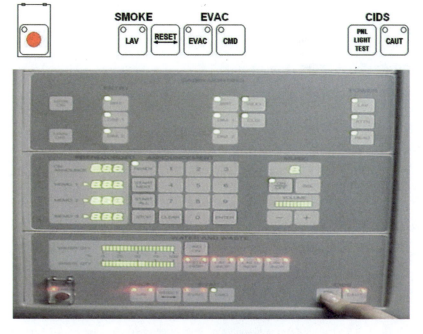

图 2-33　检查故障键

2. L2 门控制面板

(1) L2 门控制面板位置位于前侧壁板处中部，用于控制客舱灯光，如图 2-34 所示。

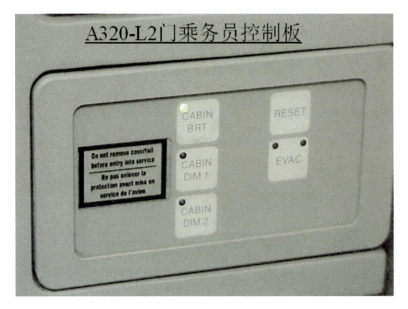

图 2-34　L2 门灯光控制面板

① BRT：亮度 100%。

② DIM1：亮度 50%。

③ DIM2：亮度 10%。

④ 重复按压所在挡位按键，该部分灯光将会关闭。

(2) 按 EVAC 应急报警键，发出响声并闪亮。

(3) 按 RESET 键解除报警。

二、液晶显示控制面板

随着航空制造业的不断发展，新的革新技术不断开发和应用，软件的升级，同样的机型在后期出厂的飞机，在很多方面体现了新的高科技元素。例如，乘务员服务控制面板，用新型的液晶显示屏操作系统取代了老式的按键触摸式的操作方法，通过显示屏可以更直观地看到每一个系统在运行中的状态，细致到监控每一个舱门、每一个卫生间、每一排座位。下面向大家介绍液晶显示屏控制系统和操作方法。

1. L1 门乘务员控制面板

(1) 液晶显示屏控制系统由液晶触摸屏及下方硬键区组成，控制内容有音频、灯光、舱门滑梯、客舱温度、清水/污水表和烟雾探测。

(2) 屏幕介绍。

① 页面标题：显示被选择页面。

② 主显示及操作区：显示被选择页面及点击操作区。

③ 系统功能键：选择系统页面。

④ 硬键区：各种功能键。

屏幕中各功能介绍，如图 2-35 所示。

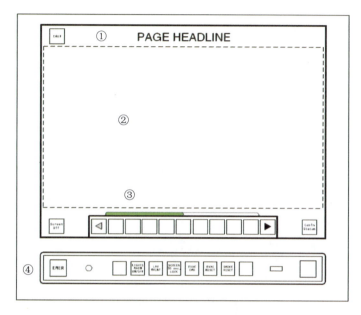

图 2-35　屏幕中各项功能

(3) 以下是硬键区各功能键介绍。

① Screen Off：屏幕关闭键，按 Screen Off 键，触摸屏关闭，起到保护屏幕的作用；需要打开时，再次按屏幕任意位置即可。

② Audio：进入音频系统。

③ Lights：进入灯光系统。

④ Doors/Slides：进入舱门及滑梯预位显示系统。

⑤ Temp：进入客舱温度控制系统。

⑥ WATER/WASTE：进入清水和废污系统。

⑦ SMOKE DETECT：烟雾探测。

⑧ System Info：进入信息系统页面，用于检查系统。

⑨ Cabin Status：返回键；回到主菜单，进入客舱主页面。

⑩ 绿色滚动条：显示页面位置，1/2 长度说明主页面有两页，在左侧说明第一页。

⑪ "◀"为向左翻页,"▶"为向右翻页。

按键使用说明如图 2-36 所示。

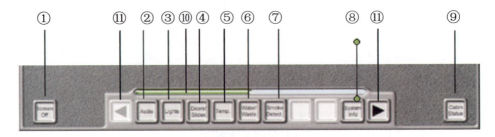

图 2-36　按键使用说明

2. 液晶显示系统操作

1) 进入客舱页面

(1) 打开电源。

(2) 输入密码。

(3) 进入 CABIN STATUS:客舱主页面,显示 5 个系统,即音频、灯光、舱门滑梯、客舱温度、清水/污水表。

(4) 单击所需要进入的系统,如图 2-37 所示。

CAUT:屏幕左上角信息提示灯(见图 2-37),如发现 CAUT 键闪动,按下屏幕下方 System Info 键,检查信息来源,查找故障,并通知机务人员进行维修。

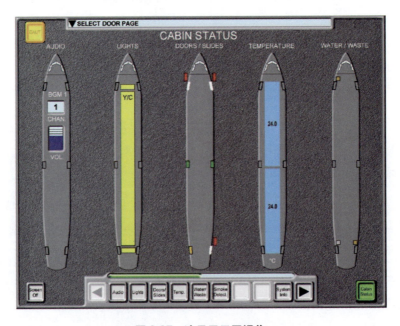

图 2-37　液晶显示屏操作

2）进入 AUDIO(音频系统)

(1) BOARDING MUSIC(登机音乐)：BGM 1(Back Ground Music 背景音乐)。

① 左侧飞机图形显示。

"1" CHAN：1 频道。

条形显示 VOL：音量。

② 中间方块图形。

ON/OFF：登机音乐开关。

VOL：音量，"+"增大、"-"减小。

CHAN：频道，"+"上调、"-"下调。

③ 操作方法。

按 ON/OFF 键，开关键变为绿色。

飞机图形显示频道及音量。

根据需要调节频道及音量。

播放完毕后，按 ON/OFF 键，开关键变为灰色。

飞机图形变为全灰色，不显示内容。

④ 注意事项。

旅客登机及下机时播放。

频道及音量要预先调试好。

调节音量应由小到大。

音乐应以轻松欢快的旋律为佳。

音量调节应适中，以不影响两人谈话为宜。

(2) PRERECORDED ANNOUNCEMENT：预录广播。

① 显示介绍。

ON ANNOUNCE：正在广播，下方显示编号。

MEMO：记忆项目编号，下方显示编号。

▲：向上翻页。

Clear Memo：清除记忆编号，只清除所选择的项目编号。

Clear All：清除全部记忆项目编号。

▼：向下翻页。

Stop：停止播放。

Play Next：播放下一个记忆项目。

Play All：播放所有记忆项目。

SELECT：选择区。

1-0：数字号码。

Clear：清除，清除数字号码。

Enter：输入，将项目编码输入记忆项目。

② 操作方法。

在右侧按正确的项目编号。

按 Enter 键，输入至左侧记忆项目（可输入多个项目编号）。

按 Play All 键全部播放，或按 Play Next 键逐一播放。

播放完毕后，清除所有的记忆项目编号。

③ 注意事项。

目前仅用于紧急情况下的广播。

播放录音项目编号另行通知，如图 2-38 所示。

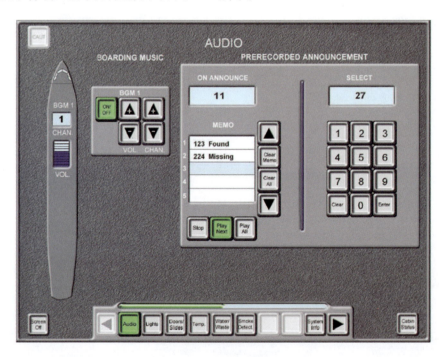

图 2-38　音频系统操作

3）进入 LIGHTS 灯光系统

(1) 按 Main On/Off 总开关，可同时打开或关闭通道灯、窗灯、进口灯及厕所灯；打开时按键显示为绿色，关闭时为灰色。

(2) Aisle：客舱通道灯（客舱顶灯）开关，可打开或关闭客舱通道灯。

(3) WDO：客舱窗灯开关，可打开或关闭客舱窗灯。

(4) R/L Set：打开阅读灯；按此键所有阅读灯打开，便于机务人员检查。

(5) R/L Reset：关闭阅读灯，按此键所有阅读灯关闭。

(6) 左侧上下键 FWD/AFT：为前/后进口灯开关，分别有 3 个挡位，即 BRT、DIM1、DIM2。

(7) 右侧 Y/C 键为客舱通顶灯及窗灯开关，分别有 3 个挡位，即 BRT、DIM1、DIM2，如图 2-39 所示。

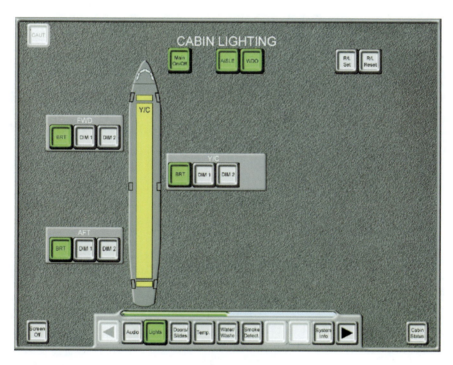

图 2-39　灯光系统操作

4) 进入 DOORS / SLIDES：客舱门及滑梯预位显示系统

通过显示屏上不同的颜色区分，能够反映当前每一个舱门所处于的状态，以便于乘务长随时监控每一个舱门实际的状况，杜绝一些不安全的隐患。

红色：客舱门处于打开或未关好状态。

黄色：客舱门已正确关闭，滑梯处于解除预位状态。

绿色：客舱门已正确关闭，滑梯处于预位状态。

客舱门及滑梯预位显示系统，如图 2-40 所示。

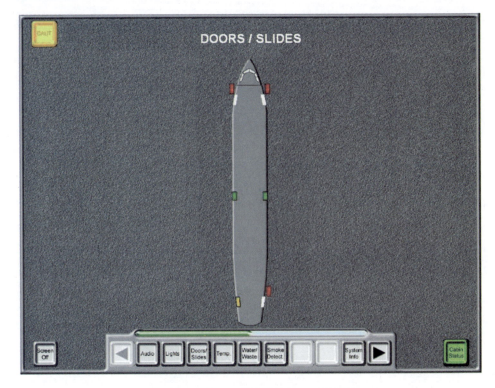

图 2-40　客舱门及滑梯预位显示系统操作

5) 进入 TEMPERATURE：客舱温度控制系统

(1) CABIN TEMPERATURE 页面介绍。

① 右侧飞机图形为区域选择 AREA SELECT。

② Fwd Area：前部区域（客舱前半部分）选择键。

③ Aft Area：后部区域（客舱后半部分）选择键。

④ 左侧图形为温度计，"23.0"为客舱实际温度，单位为℃。

⑤ 下方为重置键，返回驾驶舱设定的温度（全区域），Reset。

(2) 操作方法（如前部区域）。

① 按 Fwd Area 键，按键变为绿色，左侧显示调节页面。

② 按"+"或"-"键，提高或降低温度，每按一次，温度提高或降低 0.5℃。

③ SELECTED TEMPERATURE 为目标温度。

④ 温度计右侧绿色箭头指示目标温度。

⑤ 温度计右侧浅色区域为温度调节范围——±2.5℃。

客舱温度监控，如图 2-41 所示。

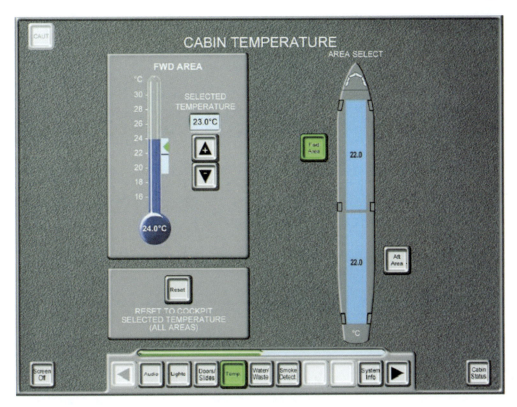

图 2-41　客舱温度监控

6) 进入 WATER / WASTE：清水和污水系统

(1) 清水和污水页面介绍。

① WASTE QUANTITY：显示污水量。

② 显示方法：百分比，起飞前应在"0"位。

(2) WATER QUANTITY：清水量。

① 显示清水量（饮用及洗手水）。

② 显示方法：百分比，起飞前应在"100%"位。

清水和污水系统，如图 2-42 所示。

7) 系统发生故障信息显示页面

屏幕左上角 CAUT 信息提示灯，如果出现 CAUT 键闪动，说明系统出现故障，按屏幕下方的 System Info 键，检查信息来源，查找故障，并通知机务人员进行维修，如图 2-43 所示。

图 2-42　清水和污水系统

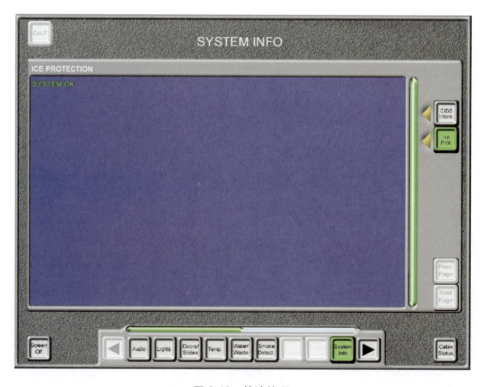

图 2-43　故障处理

练习题

1. A320 型飞机共有几块乘务员控制面板？分别位于哪个舱门处？
2. A320 型飞机液晶显示屏式比触摸按键式在功能上增加了监控客舱的哪些状态？
3. A320 型飞机 L1 门控制面板灯光 CABIN LIGHTING 表示什么意思？
4. A320 型飞机 L1 门控制面板录/音频 PRERECORDED ANNOUNCEMENT 表示什么意思？
5. A320 型飞机 L1 门控制面板预录/音频 MUSIC 键的作用是什么？
6. A320 型飞机 L1 门控制面板预录/音频 PES 键的作用是什么？
7. A320 型飞机 L1 门控制面板清水和污水表 IND ON 键的作用是什么？如何使用？
8. A320 型飞机 L1 门控制面板，如何使用清水和污水表 SYSTEM INOP 键？
9. A320 型飞机 L1 门控制面板，厕所烟雾报警键闪亮如何解除？
10. A320 型飞机 L1 门控制面板，EVAC 表示什么含义？
11. A320 型飞机 L1 门液晶显示屏控制系统，进入舱门及滑梯预位页面，出现红色、黄色、绿色，分别表示舱门处于什么状态？

第三章
应急设备

　　应急设备是用于飞机上突发事件发生后，控制事故、应急抢救、防止事故不断升级恶化及紧急疏散等应急救援的工具，是高效处置事故，化险为夷，尽可能避免、减少人员伤亡和挽救经济损失的重要保障。

　　学习应急设备的使用方法，提高应急处置能力，是每一位进入航空公司的工作人员的必修课。

第一节 灭 火 设 备

机上灭火设备储藏在驾驶舱、客舱靠近厨房区域或储藏在头等舱和普通舱部分行李箱上方。一旦出现火情,乘务员应立即拿起灭火瓶,争分夺秒实施灭火。通过本章的学习,使读者能够清楚地知道机上灭火设备的种类、构造,掌握其使用方法,如图 3-1 所示。

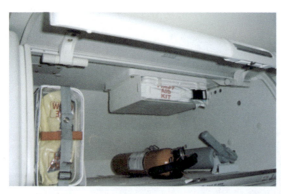

图 3-1 储存灭火瓶位置

一、手提式水灭火瓶

1. 结构

它包括触发器、喷嘴、安全铅封、手柄、瓶体,如图 3-2 所示。

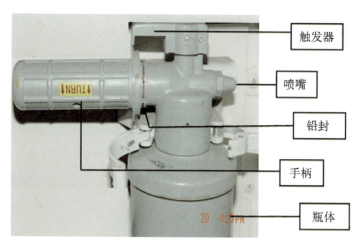

图 3-2 水灭火瓶

2. 适用范围

一般性火灾的处理，如纸、木、织物燃烧等。

3. 使用方法

(1) 取出水灭火瓶。

(2) 按照箭头指示向右转动手柄。

(3) 垂直握住瓶体。

(4) 按下触发器，喷嘴对准火源底部边缘，平行移动灭火瓶。

4. 注意事项

(1) 不能用于电器和油类引发的火灾。

(2) 瓶体不要横握或倒握。

(3) 喷射距离为 2～3m。

(4) 喷射时间为 40s。

5. 飞行前检查

(1) 确认灭火瓶在指定位置并固定好。

(2) 铅封处于完好状态。

(3) 日期在有效期内。

二、手提式海伦灭火瓶

1. 结构

它由触发开关（释放手柄）、安全销、手柄、喷嘴、压力表、瓶体构成。海伦灭火瓶适用于任何类型(A、B、C、D)的火灾,尤其适用于电器、燃油和润滑油脂的火灾,如图 3-3 所示。

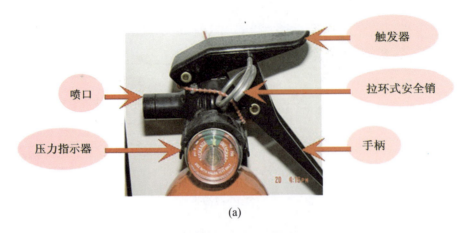

(a)

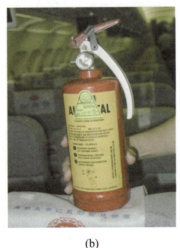

(b)

图 3-3　海伦灭火瓶

2. 使用方法

(1) 垂直拿起灭火瓶。

(2) 快速拔下环形保险销。

(3) 握住手柄和触发器,喷嘴对准火源底部边缘,平行移动灭火瓶,喷向火的底部边缘。

3. 注意事项

海伦灭火瓶喷出的是雾,但很快被汽化了,而这种汽化物是一种惰性气体,它可以隔绝空气使火扑灭,表层的火很快扑灭后,里层仍然有余火,应立即用湿毛毯盖住失火区域,将失火区域浸透。使用灭火瓶时,不要横握或倒握;不能对人喷射,以免造成人员窒息;

海伦灭火瓶的喷射距离为 2 ～ 3m(10 英尺)，喷射时间为 10s。

4. 飞行前的检查

(1) 确认灭火瓶在指定位置并固定好。

(2) 安全销穿过手柄和触发器的适当位置。

(3) 黄色压力指针指在绿色区域。

(4) 日期在有效期内。

三、卫生间灭火装置

1. 结构

在每一个卫生间的洗手池下方有一个自动灭火装置，由一个海伦灭火瓶和两个指向废物箱的喷嘴组成。

当卫生间的温度达到一定高度时，灭火装置将自动启动，两个喷嘴将向废物箱开始喷射海伦灭火剂，如图 3-4 所示。

图 3-4　卫生间灭火瓶

2. 工作原理

通常情况下，温度显示器为白色，两个喷嘴被密封剂封死；当温度达到 77 ～ 79℃时，温度指示变成黑色，喷嘴熔化，灭火瓶开始喷射；灭火剂释放完后，喷嘴尖端的颜色为白色。喷射时间为 3 ～ 15s。

3. 飞行前检查

飞行前检查温度指示器是黑色还是白色，若有异常要报告地面机务人员。

四、卫生间烟雾报警装置

1983年,加拿大航空公司797号航班的卫生间离奇着火,浓烟充斥着整架飞机,虽然飞机最后成功迫降,但仍造成超过半数乘客在吸入烟雾后死亡。这起事故对航空公司提升了安全要求:在厕所中增加烟雾探测器。

烟雾报警装置是通过烟雾探测器和信号显示系统及早发现突发的火情并自动发出警报。烟雾探测器位于洗手间顶部的报警装置旁边,当洗手间内的烟雾达到一定浓度时,通过烟雾探测器的传感器向烟雾报警装置发出信号。红色指示灯闪亮,并发出刺耳的响声。

1. 报警装置结构

(1) 解除报警钮。

(2) 电源指示灯(绿色灯工作正常)。

(3) 报警指示灯(红色灯闪亮)。

(4) 自检开关如图3-5所示。

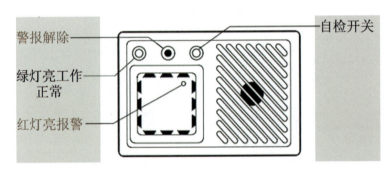

图3-5 烟雾报警器

2. 报警信息显示

(1) 红色指示灯闪亮。

(2) 发出刺耳的叫声。

(3) 门外琥珀色呼叫指示灯闪亮。

3. 解除报警

(1) 按下(烟雾探测器)解除按钮即可截断声音。

(2) 红色(烟雾探测器)报警指示灯熄灭。

4. 飞行前检查

定期检查,确保飞行途中工作正常。

五、防烟面罩 (PBE)

根据每年国际民航组织安全事故调查报告，人为因素或非人为因素造成机上火灾事件时有发生，一旦出现机上失火，全体乘务人员和机组人员必须立即展开实施灭火，乘务员在实施灭火之前，应在客舱封闭区域、有浓烟区域灭火时使用防烟面罩，可以保护灭火者的眼睛和呼吸道不受烟雾、毒气的伤害。

1. 防烟面罩结构

防烟面罩由头罩、全面罩、氧气发生器、触发绳索、送话器及松紧带组成。防烟面罩使用时间为15min，呼吸快时可能有灰尘感和咸味，时间相对要短一些。戴上面罩后可以通过面罩前部的送话器与外界联系。等氧气充满面罩时，面罩为饱满的状态，当氧气用完后，内部压力减小，面罩开始内吸，如图3-6所示。

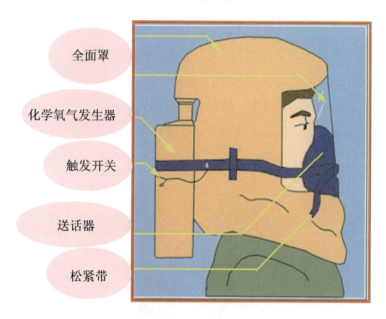

图 3-6　防烟面罩

2. 氧气面罩供氧原理

氧气是靠防烟面罩上的化学氧气发生器提供的，当拉动调整带触发拉绳后，发生器中的化学元素发生化学反应并释放出热量，使化学氧气发生器中的温度上升，并与使用者呼出的二氧化碳发生反应，生产出氧气。防烟面罩共有4种，即A型、B型、C型、D型，如图3-7所示。

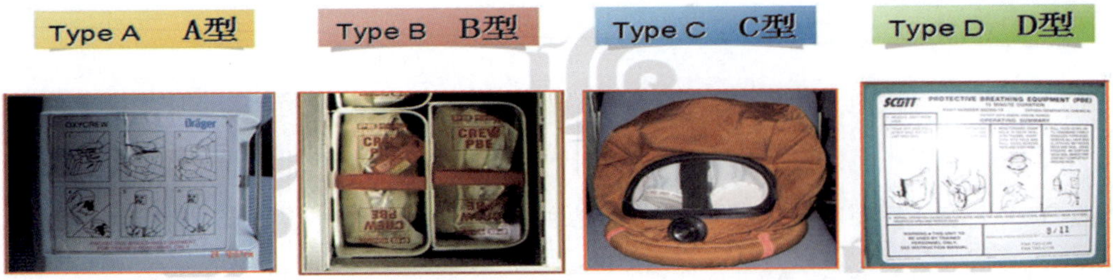

| (a) A 型 | (b) B 型 | (c) C 型 | (d) D 型 |

图 3-7　A 型、B 型、C 型、D 型防烟面罩

3. 防烟面罩使用方法

(1) 打开 PBE 储存盒、取出包装，撕去袋口封条。

(2) 打开包装取出 PBE 并展开。

(3) 撑开密封胶圈（大小与头同大）。

(4) 戴上防烟面罩。

(5) 整理面罩位置。

(6) 系紧固定拉绳，拉动触发绳，使用 PBE 开始工作。

(7) 氧气开始自动流动，并能持续至少 15 分钟，如图 3-8 所示。

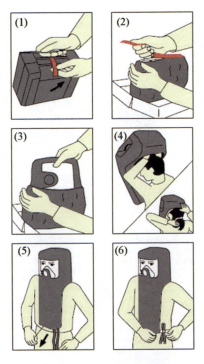

图 3-8　防烟面罩使用方法

4. 飞行前检查

(1) 确认防烟面罩在指定位置。

(2) 确认包装盒未被打开。

(3) 确认外包装铅封完好。

5. 注意事项

(1) 穿戴前取下身上的锋利物品，如发夹、耳环、手表等。

(2) 穿戴前需擦掉面部浓重的油脂，如口红等。

(3) 必须在无烟无火区穿戴，头发必须全部放进密封胶圈。

(4) 当呼吸困难或面罩凹陷或观察窗上有雾气时，可能是氧气已用完，请立即离开火源，到安全区域取下面罩。

(5) 取下面罩后，要充分抖散头发内残余氧气。

(6) PBE 使用完毕后，用湿毛毯包裹降温，放置于空餐车内。

六、防烟眼镜

1. 防烟眼镜

防烟眼镜用于机组成员在烟雾充满驾驶舱时保护眼睛不受伤害，从而保护飞行员能继续飞行。

2. 防烟眼镜的使用方法

具有防火隔热作用，使用时保证眼镜的密封边紧贴在眼部和面部氧气面罩边缘，固定用橡胶带要套在脑后，和氧气面罩一起戴在脸上，如图 3-9 所示。

图 3-9　防烟眼镜

七、防火衣

1. 防火衣的作用

防火衣用于主货舱灭火时使用，如图 3-10 所示。

2. 防火衣的使用方法

进入火场前，应先穿好防火衣，并将其完全扣好再进入，可以保护灭火者的四肢和躯干不受火的侵害，如图 3-10 所示。

图 3-10　防火衣

八、救生斧

应急救生斧用于清理障碍物及灭火。应急救生斧手柄包着橡胶绝缘材料，以防止与电线接触时遭电击。斧口有一个防护套，以防不使用时伤人，如图 3-11 所示。

图 3-11　应急救生斧

九、石棉手套

石棉手套位于驾驶舱的储藏箱内,机组在驾驶舱失火时使用;兼职消防员在主货舱灭火时使用,具有防火、隔热的作用,如图 3-12 所示。

图 3-12　石棉手套

练习题

1. 手提式水灭火瓶适用于哪类火灾?不能用于哪类火灾?
2. 使用手提式水灭火瓶喷射距离是多少米?时间是多少秒?
3. 飞机上手提式海伦灭火瓶适用于哪类火灾?喷射时间和距离是多少米?
4. 当卫生间废物箱处温度达到多少摄氏度时自动灭火器开始喷射?喷射时间是多少秒?
5. 卫生间内部烟雾达到一定浓度时,会出现哪些报警信号?如何解除报警声音?
6. 防烟面罩使用时间是多少分钟?
7. 如何正确使用防烟面罩?注意事项是什么?
8. 飞机上使用手提式水灭火瓶的注意事项有哪些?
9. 飞机上使用手提式海伦灭火瓶的注意事项有哪些?
10. 救生斧、石棉手套、防烟眼镜在飞机的哪个位置储藏?都有哪些作用?

第二节　机上供氧系统

本节重点介绍波音 737-800 型飞机驾驶舱、客舱供氧设施,通过学习使读者了解波音

737-800 型飞机驾驶舱固定氧气系统、客舱固定氧气系统和活动氧气瓶供氧结构及使用方法，一旦发生紧急情况，能够正确使用机上供氧设备。

一、氧气面罩

1. 氧气面罩用途

氧气面罩是在紧急情况下，用于机上人员吸氧的工具。

飞机上安装有两个独立的供氧系统：一个系统供给乘客和乘务员使用；另一个系统供给驾驶舱使用。

当座舱高度达到 14000 英尺（4276m）时，氧气面罩会自动脱落。如果飞机破损、炸弹爆炸、机门、紧急窗口失密，飞机将快速或慢速释压，机上所有人员应立即戴上氧气面罩吸氧，如图 3-13 所示。

乘务员座席　　　　　　　　　乘客座席　　　　　　　　　卫生间

图 3-13　氧气面罩位置

2. 氧气面罩储藏位置

(1) 驾驶舱飞行机组控制台座席前面。

(2) 每一排乘客座椅上方氧气面罩储藏箱内。

(3) 洗手间马桶上方天花板处。

(4) 乘务员座椅上方天花板处。

3. 氧气面罩储藏数量

(1) 波音 737-800 型飞机客舱每排乘客座椅上方氧气面罩数量比该排座位数量多出 1 个，为不占座位小乘客准备。

(2) 乘务员座椅上方有 2 个。

(3) 卫生间马桶上方有 2 个。

二、供氧方式

1. 驾驶舱供氧系统

(1) 驾驶舱的氧气来自储藏在电子舱内的固定氧气瓶，一旦发生紧急情况，可快速戴好氧气面罩进行吸氧。

图 3-14 所示为驾驶舱供氧装置。

图 3-14　驾驶舱供氧装置

(2) 氧气面罩使用。

① 捏住红色夹子，面罩张开，罩在口鼻处。

② 正常呼吸。

③ 可调节流量，如图 3-15 所示。

图 3-15　捏住红色夹子，罩在口鼻处呼吸

2. 客舱供氧系统

波音 737-800 型飞机客舱用氧是由氧气面罩储藏箱内的化学氧气发生器提供。

氧气面罩脱落有 3 种方式：自动脱落、电动脱落、人工脱落，如图 3-16 所示。

图 3-16　化学氧气发生器装置

1) 自动脱落

在正常情况下，驾驶舱的氧气面罩控制手柄电门放在 AUTO 位置，当客舱释压高度达到 14000 英尺时，氧气面罩储藏室盖板自动打开，氧气面罩自动脱落。同时预录的紧急供氧广播通过客舱扬声器开始广播，如图 3-17 所示。

图 3-17　客舱氧气面罩自动脱落

2) 电动脱落

当自动脱落方式失效时，通过按压驾驶舱氧气控制面板上的 MASK MAN ON 键电动开启，客舱内所有氧气面罩储藏室盖板全部打开，氧气面罩脱落。

驾驶舱电动脱落方式，如图 3-18 所示。

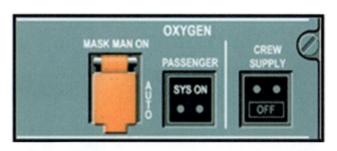

图 3-18　驾驶舱电动脱落方式

3）人工脱落

当自动和电动方式都无法打开氧气面罩储藏箱时，可由人工方式使用尖细的物品，如笔尖、别针、发卡等打开氧气面罩储藏箱的门，使氧气面罩脱落。

人工脱落方式，如图 3-19 所示。

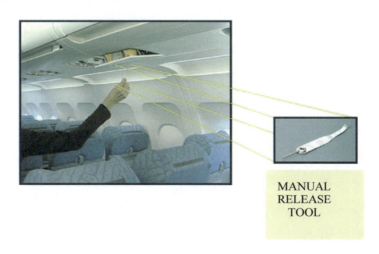

图 3-19　人工脱落方式

4) 氧气面罩使用方法

(1) 氧气面罩脱落后，用力拉下氧气面罩。

(2) 将面罩罩在口鼻处，调节带子，使之松紧适中。

(3) 正常呼吸，如图 3-20 所示。

图 3-20　氧气面罩使用

5) 注意事项

(1) 拉动一个氧气面罩，可使该氧气面罩储藏室内的所有面罩都脱落。

(2) 氧气面罩不能用作防烟面罩使用。

(3) 供氧开始后，禁止吸烟。

(4) 化学氧气发生器工作时，不要用手触摸，以免烫伤。

(5) 氧气一旦流出，不能关闭（供氧时间为 12min）。

3. 便携式手提氧气瓶

1) 手提式氧气瓶用途

机上备有便携式手提氧气瓶，常常用于在飞行中出现突发病人，如急需吸氧。此时乘务员应立即给病人吸氧，此外乘务员还可在客舱释压的应急情况下使用。

氧气瓶储藏位置，如图 3-21 所示。

2) 手提式氧气瓶结构

氧气瓶结构，如图 3-22 所示。

图 3-21 氧气瓶储藏位置

(a) 外形

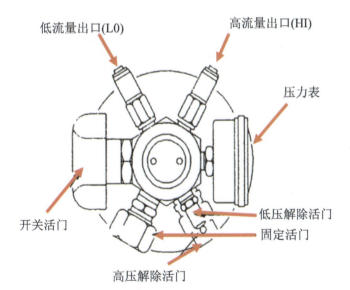

(b) 结构

图 3-22 氧气瓶结构

3) 手提式氧气瓶种类

手提式氧气瓶共有两种，如图 3-23 所示。

(1) 5500-CIABF23B 型氧气瓶容量为 310L(122440in3)。

(2) 5500-AIABF23A 型氧气瓶容量为 120L(47244in3)。

(3) 流量 / 使用时间。

① 310L。

高流量——4L/min，77min。

低流量——2L/min，155min。

② 120L。

高流量——4L/min，30min。

低流量——2L/min，60min。

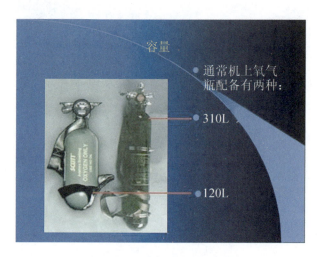

图 3-23　两种流量的氧气瓶

4) 飞行前检查

(1) 检查开关 (ON— OFF) 阀门处于关闭的位置，铁丝铅封完好。

(2) 压力指针在"红色"区域、"1800 磅 / 平方英寸"，即"FULL"区域内。

(3) 配套的氧气面罩用塑料袋密封，并系在瓶体上。

(4) 两个氧气出口上盖有防尘帽。

5) 使用方法

(1) 取出手提式氧气瓶。

(2) 选择一个流量出口并打开其防尘帽。

(3) 插上氧气面罩。

(4) 逆时针方向打开供氧开关阀门。

(5) 检查氧气袋是否充满氧气。

(6) 将氧气面罩罩在口鼻处。

6) 氧气瓶使用注意事项

(1) 不要摔或碰撞瓶体。

(2) 避免氧气与油脂接触；擦掉嘴上的口红或润肤油。

(3) 用氧时周围不能有火源。

(4) 肺气肿患者使用低流量 (LO)。

(5) 压力用至 500 磅 / 平方英寸时，应停止使用。

(6) 使用后填写客舱故障记录本。

7) 乘客医用氧气使用规定

(1) 自备氧气。乘客可以自备氧气瓶。

(2) 付费使用氧气。如需要空中使用氧气，应在订座时向航空公司提出申请，并提供医生签字的医学用氧及每小时需要氧气的最大数量和流量的书面证明。由地面机务人员将氧气设备送上飞机，并根据乘客的选择使用标准氧气面罩或鼻腔插管，进而连接合适的呼吸装置。

(3) 使用医疗氧气组件的乘客不能安排在出口座位上。

(4) 如乘客在空中突发疾病需要用氧或自备氧气在航行中耗尽，允许使用机载手提式氧气瓶；手提式氧气瓶使用后，应填写《客舱记录本》。

(5) 当空中使用氧气时，乘务长必须报告机长。

案例 3-1 "氧气瓶的作用"（氧气瓶）

在 CA175 悉尼飞往北京的航班上，有一位初次来中国的外籍教师 Ms.Helen Cooper 感到心脏非常不舒服，呼吸困难。由于语言障碍，她用手势向乘务员提出需要帮助。乘务员从她痛苦的表情里看到她脸色苍白、呼吸急促，第一反应需要急救——吸氧。并将此事立即报告给主任乘务长，一边协助乘客吸氧，一边广播找医生，5min 后医生来到病人面前，这时吸氧的乘客病情有所好转，脸色转为红润、呼吸逐渐趋于平稳。经医生号脉检查后，确认她生命体征处于正常，不会有危险。惊险的一刻终于过去了，但是在后续飞行的数小时里，乘务员丝毫不敢放松，一直监护在病人身边，精心照顾，虽然没有生命危险，但是病人身体很虚弱，一直在出虚汗，乘务员给病人多次做了物理降温（用毛巾包好冰块放在干净的塑料手套内，给她进行冷敷，用杂志给她不停地扇风、提供矿泉水、用热毛巾擦汗、提供糖水等服务），经过一路上的细心照顾，飞机快要下降了，乘务员再次询问她感觉如何时，她微笑着说道："OK！"乘务长又询问她是否需要轮椅，她表示需要（没有提出要救护车）。

经过后期了解，得知这位乘客要到中国来工作，因为乘机前准备工作太劳累、太激动，睡眠又不佳，是造成病情发作的主要原因。

出于对受过良好急救培训的国航乘务员的感谢之情，几天后这位外国教师专门派人送来花篮到客舱部表示深深的谢意。

点评分析：

（1）Ms.Helen Cooper 所在区域，是一个有着工作热情、刚刚被提升的区域乘务长。首先她发现该乘客不舒服，并且认真观察，又询问是否需要氧气，很快拿来了氧气瓶；同时通知了带班乘务长。

（2）带班乘务长是一位有20年服务经验的资深乘务长，见到此状况迅速采取急救措施，摸了乘客脉搏及额头，及时安排吸氧，通知广播员立即找医生，挽救了一条生命。

经分析得出：

（1）乘务员通过询问、交谈，确认乘客意识，采取急救措施及时。

（2）机上急救是乘务员每年都要训练的重要科目，当遇有特殊情况发生时是否能准确判断、快速处理、及时抢救是对乘务员的考验。

（3）带班乘务长必须要具备应急处理的能力，不仅要做好机上服务，更要做好突发事件的处理，让乘客乘坐我们的飞机有充分的安全感。

练习题

1. 波音737-800型飞机每排乘客座椅上方氧气面罩的数量有多少个？
2. 波音737-800型飞机客舱氧气面罩分别在哪些部位储藏？
3. 波音737-800型飞机持续供氧时间是多少分钟？
4. 波音737-800型飞机共有几种供氧方式？分别是什么？
5. 波音737-800型飞机客舱供氧系统靠什么方式提供氧气？
6. 在什么样的情况下客舱氧气面罩会自动脱落？
7. 请说出正确使用氧气面罩的方法及注意事项。
8. 如何操作手提式氧气瓶？
9. 如何为肺气肿乘客吸氧？使用时应注意什么问题？
10. 飞行前检查便携式手提氧气瓶，确认压力指针应在什么区域？
11. 机上手提式氧气瓶共分几种？分别是多少立升？

第三节 机上应急医疗药箱和急救药箱

根据民航局《航空安全 CCAR-121 手册》的规定,每架飞机在载客飞行时应当至少配备一个应急医疗箱和根据飞机所容纳人数相应配备数个急救药箱,存放在机组人员易于取用,能够防尘、防潮、防损坏的位置。

一、应急医疗药箱

1. 认识应急医疗药箱

应急医疗药箱,如图 3-24 所示。

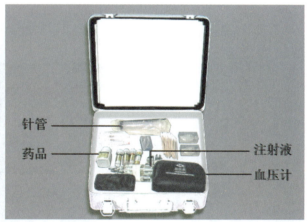

图 3-24 应急医疗药箱

每个应急医疗箱内应当配备如表 3-1 所列的医疗用品和物品。

表 3-1 医疗用品和物品

序号	项目	数量	序号	项目	数量
1	血压计	1	8	硝酸甘油片	10
2	听诊器	1	9	去痛片	20
3	人造口咽气道	各1个	10	颠茄片	20
4	一次性注射器	各2支	11	黄连素	24
5	50% 葡萄糖注射器	1	12	强力消毒碘	50mL
6	1∶1000 肾上腺素	2	13	消毒棉签	40g
7	盐酸苯海拉明注射液	2	14	清单和使用说明	1

2. 应急医疗药箱用途

（1）机上发现急重伤病乘客，乘务员立即通过广播寻找医务人员帮助，并按照"医用药箱内的物品、名称、用法一览表"供医务人员使用。

（2）使用医用药箱后，一式三份做好使用记录，并请机长、使用医生和乘务人员分别签名。

（3）下机后将一式三份登记表交到航空公司有关管理部门，一份交给使用药箱的医生保管，一份交乘务长保管。

注意： 确认持有行医证明的医生才能使用机上医用药箱。

二、急救药箱

1. 认识急救药箱

急救药箱如图 3-25 所示。

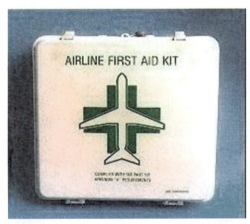
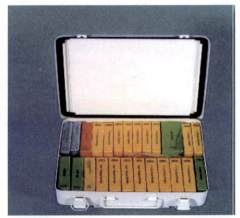

图 3-25　急救药箱

急救药箱内至少配备如表 3-2 所示的医疗用品。

表 3-2　医疗用品

序　号	项　目	数　量
1	绷带，5 列	10 卷
2	消毒棉签	20 支
3	敷料：10cm×10cm	8 块
4	三角巾	5 条
5	外用烧伤药膏	3 支
6	手臂夹板	1 副
7	脚部夹板	1 副
8	绷带，3 列	4 卷
9	胶布，1cm	各 1 卷
10	剪刀	1 把
11	橡胶手套或防渗透手套	1 副

2. 急救药箱使用

(1) 急救药箱应均匀地放在飞机上的指定位置。上机后检查铅封情况，如破损应及时更换并填写《客舱记录本》。

(2) 每个急救箱应当防尘、防潮。

(3) 每个急救箱内至少配备表 3-2 所列的医疗用品。

(4) 在机上出现外伤或需用其中用品时即应取用。

(5) 经过急救训练的乘务人员或在场的医务人员或经专门训练的其他人员，均可打开并使用药箱内物品。

(6) 用后要做好相应记录，一式两份，要有乘务长或机长签名，应将记录单交使用人一份，一份留在箱内上交管理部门。

3. 飞行中应急医疗事件报告程序与要求

(1) 飞行中应急医疗事件包括下列情况。

① 使用机上应急医疗箱。

② 由于人员伤病造成的飞机改航备降。

③ 机上发生人员死亡。

(2) 应保存机上应急医疗事件记录 24 个月，这些记录应当说明使用应急医疗箱的情况、使用人和该次应急医疗事件处理结果。

(3) 填写"机上事件报告单"，报相关管理部门。

4. 每架飞机在载客飞行中急救药箱的数量

每架飞机在载客飞行中急救药箱的数量不得少于表 3-3 的规定。

表 3-3　急救药箱的数量

乘客座位数量	急救药箱数量
100 以下（含 100）	1
101～200	2
201～300	3
301～400	4
401～500	5
500 以上	6

练习题

1. 请列举 5 种应急医疗药箱内药品。
2. 波音 737-800 型飞机急救药箱固定储藏在客舱什么区域？
3. 根据运行规范要求，波音 737-800 型飞机载客人数 167 人应配几个急救药箱？
4. 机上发现急重伤病乘客，乘务员要立即抢救，应使用哪种应急设备？
5. 使用应急医疗药箱后，乘务长一式 3 份做好使用记录，并请机上哪些人员分别签名？
6. 怎样使用晕机药片？

第四节　机上安全带

为了确保乘客的飞行安全，飞机在滑行、起飞和着陆前"系好安全带"信号灯亮时、空中遇有颠簸、夜间飞行、劫机、紧急下降时要求每位乘客系好安全带。

一、乘客安全带种类和使用

1. 乘客安全带种类

安全带共有 3 种，即成人、婴儿、加长安全带，乘务员在进行客舱安全检查时，应该确认每一位乘客的安全带是在扣好状态。飞机进入巡航高度，"系好安全带"信号灯熄灭时，提示睡觉乘客系好安全带，如图 3-26 所示。

图 3-26　成人、婴儿、加长安全带

2. 乘客安全带使用

（1）成年人安全带。在座椅上备有两条可以对扣起来的安全带，使用时将一端插片插入另一端锁扣内，调整带子松紧直到系好安全带。

（2）婴儿安全带。用于两岁以内的婴幼儿使用，使用时将婴儿安全带环装圈穿入成人安全带，使母子紧紧连在一起。

（3）加长安全带。用于肥胖乘客或孕妇，使用时在正常安全带基础上再加长一部分。注：孕妇使用加长安全带时应在腹部垫上毛毯，如图 3-27 所示。

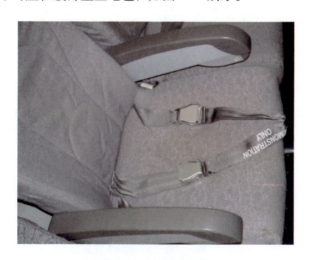

图 3-27　加长安全带

二、乘务员安全带种类和使用

（1）乘务员在执勤期间，必须遵守航空公司的安全规定，依据上述情况应回到自己的座位上系好安全带和肩带，等待"系好安全带"信号灯熄灭后，起立继续工作。

（2）乘务员安全带共分为 3 种，由腰部安全带和肩部安全带两部分组成。

乘务员座席安全带各种类型，如图 3-28 所示。

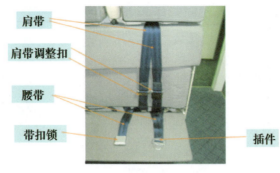

(a) 乘务员座席安全带——类型 Ⅰ

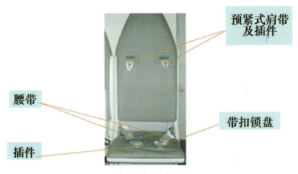

(b) 乘务员座席安全带——类型 Ⅱ

(c) 乘务员座席安全带——类型 Ⅲ

图 3-28　乘务员座席安全带类型

练习题

1. 民用客舱中分别备有哪几种安全带？
2. 如何使用婴儿安全带？
3. 配置加长安全带的作用是什么？
4. 孕妇适用于哪种安全带？使用时应注意什么？

5. 在什么情况下需要系好安全带？

6. 乘务员安全带的特点是什么？

第五节　应急照明

应急灯照明包括机内照明和机外照明两部分及手电筒照明。在客舱内部和飞机外部具有清晰可见的照明标识，为紧急情况下提供照明。应急灯电源来自电池，供电时间为 15 ~ 20min。手电筒储藏在乘务员座席下方，在任何情况下飞机一旦出现中止照明，乘务员可迅速拔出手电筒采取相应措施。

一、应急灯照明

1. 内部照明

（1）出口应急照明标志灯位于出口附近的天花板上。

（2）客舱应急照明标志灯位于左、右两侧地板上，距离座椅20英寸、地板4英尺以上被烟雾遮蔽，提供视觉指示。

（3）登机门，翼上出口、行李架上的过道灯，如图3-29所示。

图 3-29　应急灯

2. 外部应急照明

（1）救生滑梯照明。

(2) 机翼撤离路线照明。

(3) 滑梯接地区照明。

(4) 滑梯充气，自动打开照亮滑梯。

(5) 机身两侧各有 3 个应急灯，为撤离路线和地面联络区提供灯光照明。

飞机外部照明，如图 3-30 所示。

图 3-30　飞机外部照明

二、应急灯操作

(1) 波音 737-800 型客舱应急灯位于 L2 门配电板。

(2) 自动方式。当驾驶舱应急灯开关放在 ARMED 位置时，飞机供电系统一旦失效，飞机内部和外部所有的应急灯自动接通，应急照明可持续 15～20min。

(3) 人工方式。当驾驶舱应急灯开关在 ON 位置时，乘务员操作面板上的应急灯开关放在 ON 的位置时，所有应急灯将接通，并可超控驾驶舱。

(4) 飞行前的检查。应急灯开关通常情况下放在 NORMAL 位置，如图 3-31 所示。

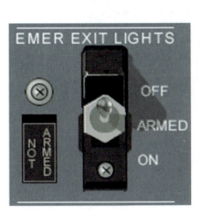 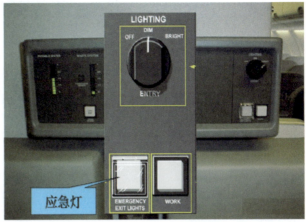

图 3-31　驾驶舱 /L2 门配电板应急灯开关（波音 737-800 机型）

三、手电筒使用

手电筒位于乘务员座席下方，多用于应急时使用，夜航飞行飞机在地面临时断电、排除故障等使用。

1. 结构

应急手电是防爆的，由干电池提供电力，从底座取下后会自动亮起，放入底座后会自动熄灭。

2. 使用

(1) 握住手电从底座的固定架中拉出。

(2) 使用时间 30min ～ 4.2h。

注意：铅封断开。

3. 复位

(1) 握住手电。

(2) LED 检测灯朝外，凸起的插头朝里。

(3) 将凸起的插头放入底座内的凹槽，如图 3-32 所示。

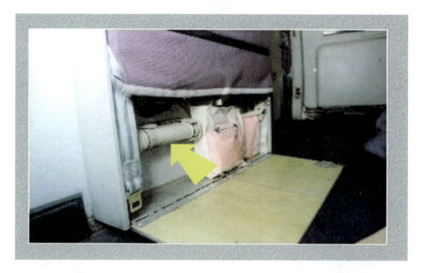

图 3-32　手电筒

4. 飞行前的检查

（1）确认手电筒在指定位置并固定好。

（2）确认手电筒上的电能LED检测灯3～5s闪亮一次。如闪亮间隔时间超过10秒/次，可能没电了或电量不足，应由机务人员更换电池。

练习题

1. 在什么情况下使用应急照明系统？
2. 应急照明指示灯可持续使用多长时间？
3. 飞行前乘务员应怎样检查应急灯？应急灯有哪几种打开方式？
4. 应急手电筒的使用时间是多少长？
5. 飞行前检查应急手电筒的方法是什么？
6. 波音737-800型飞机客舱应急灯开关位于什么位置？

第六节　救　生　衣

救生衣是机上应急设备之一，用于沿海飞行海上应急撤离时使用。在每一位乘客座椅下方下的口袋里或扶手内备有一件成人救生衣。为了使工作人员与乘客相区别，机组人员救生衣为红色，乘客救生衣为黄色，如图3-33所示。

图 3-33　救生衣

一、救生衣结构

(1) 定位灯。浸入水中，定位灯自动亮起，便于救护人员寻找目标。

(2) 海水电池。入水后拔掉救生衣上的标志(Pull to Light)，以便接通电源。电池浸水后，几秒钟内定位灯自动发光，并可持续使用 8～10h。

(3) 气瓶。救生衣中部有两个小型气瓶，为救生衣充气使用。

(4) 人工充气手柄。上船之前拉动人工充气手柄，使救生衣充气。

(5) 人工充气管。当自动充气失败或充气不足时，可以用嘴向里充气。

(6) 腰带卡锁。救生衣经头部穿好后，系紧腰带，插好卡锁。

救生衣如图 3-34 所示。

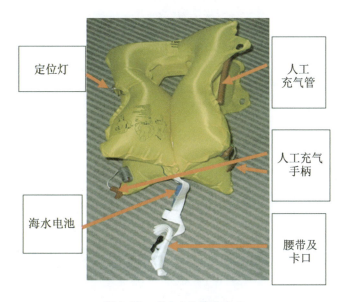

图 3-34　成人/儿童救生衣

二、救生衣的种类和使用

1. 成人救生衣使用

（1）取出救生衣，经头部穿好。

（2）将带子扣好系紧。

（3）拔掉电池上的铅封。

（4）打开充气阀门。

（5）当充气不足时，拉出人工充气管，用嘴向里吹气，如图 3-35 所示。

图 3-35　成人救生衣使用示范

2. 儿童救生衣使用（儿童救生衣与成人救生衣相同）

（1）取出救生衣。

（2）将救生衣经头部穿好。

（3）把带子放在两腿之间扣好系紧。

（4）拔掉电池上的铅封。

（5）打开红色充气阀门。

（6）当充气不足时，拉出人工充气管，用嘴向里吹气。

注意：

成年人穿好救生衣，上船前充气。

不能自理及上肢残疾的乘客，穿好后立即充气。

未成年乘客的救生衣在离开座位时充气。如需放气，用手按住人工充气管的顶部即可。

儿童救生衣如图 3-36 所示。

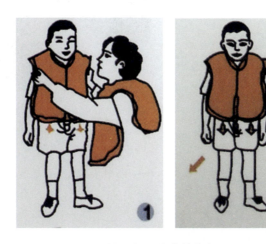

图 3-36　儿童救生衣

3. 婴儿救生衣使用

(1) 两周岁以下使用婴儿救生衣，两周岁以上使用儿童救生衣。

(2) 婴儿救生衣通常与成人救生衣放在一起，位于有婴儿摇篮插孔的座椅下方。

(3) 使用时取出，经头部穿好并将胳膊固定在救生衣上，将绳子的一端固定在大人的救生衣上。

婴儿救生衣如图 3-37 所示。

图 3-37　婴儿救生衣

图 3-37　婴儿救生衣（续）

(4) 操作方法。

① 经头部穿好。

② 系紧腰带。

③ 拉动红色二氧化碳气瓶触发开关。

④ 如果充气失效可用人工充气管充气。

三、安全演示包

为了让乘客平安、愉快地度过空中旅行，需要每位乘客遵守安全规定并配合机组人员做好相关安全工作，因此在飞机起飞前通过大屏幕放映或人工演示，宣传乘机须知，介绍机上应急设备使用方法。

每架飞机都配有安全演示包，用于机上放映机一旦出现故障，马上采取人工演示。

(1) 安全演示包储藏在飞机的前部和后部的行李架上方。

(2) 包内设备。

① 一件成人救生衣。

② 安全带。

③ 氧气面罩。

④ 安全须知卡。

安全演示物品如图 3-38 所示。

图 3-38　安全演示物品

练习题

1. 机上救生衣共备有几种？有哪些颜色？
2. 救生衣上定位灯的作用是什么？
3. 如果拉动救生衣下方红色充气手柄失效，如何使救生衣充气？
4. 成年乘客穿好救生衣应何时充气？
5. 儿童救生衣穿好后何时充气？
6. 使用婴儿救生衣的年龄限制是多大？使用时应注意哪些问题？
7. 安全演示包的作用是什么？内有什么物品？
8. 海水电池入水后可持续使用多少小时？
9. 为什么乘坐在救生船内的人员不可以脱下救生衣？

第七节　麦　克　风

机上麦克风储藏在头等舱和普通舱行李架上方，用于在应急情况下指挥乘客撤离时使用。

麦克风使用方法如下。

(1) 拿起麦克风朝向旅客。

(2) 按下手柄上的送话按钮讲话。

注意：禁止对着人的耳朵说话，以免受伤。

麦克风外形如图 3-39 所示。

图 3-39　麦克风

> **练习题**
>
> 1. 飞机上为什么要配置麦克风？
> 2. 麦克风储藏在飞机客舱的什么位置？
> 3. 使用麦克风应注意什么问题？

第八节　应急发报机

应急发报机是用于飞机遇险后，向外界发出求救信号时使用。应急发报机备有自浮式双频率电台，电台发射频率为民用 121.5MHz 和军用 243MHz 的调频无线电信号。这些频率是国际民航组织通用频率（用于遇险时发出求救信号）。

一、应急发报机结构

(1) 天线。

(2) 水溶性固定带子,粘水后应急发报机封条自动打开。

(3) 电池护盖。

(4) 绳索,起到连接固定的作用。

(5) 使用标牌。

应急发报机结构如图 3-40 所示。

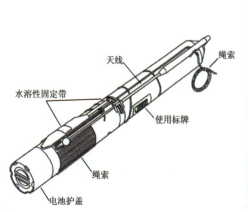

图 3-40 应急发报机结构

二、陆地使用方法

按照发报机使用说明松开绳索:

(1) 从应急发报机底部取下装水的袋子。

(2) 小心取下盐袋,将袋中装入半袋水或淡茶或淡咖啡搅动混合。

(3) 将应急发报机放入袋子中,确保侧边的两个小孔没入水中,如有充足的盐或水,按 12～24 小时间隔更换塑料袋内的水,以保持充足的电源输出。

(4) 割断水溶带竖直天线,使发报机直立。

(5) 将发报机放在无障碍区域。

(6) 应急发报机在 5min 后发报。

(7) 使用时间为 48h。

陆地使用应急发报机,如图 3-41 所示。

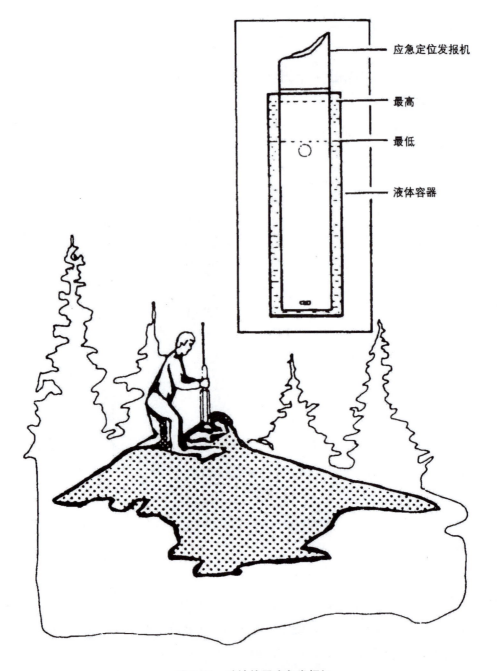

图 3-41　陆地使用应急发报机

三、水中使用方法

(1) 从套子中取出应急发报机。

(2) 将发报机一端的连接绳系在船内。

(3) 将应急发射机放入水中自动发出信号。

(4) 水溶带断开，无线竖起。

(5) 要停止发射信号，可将发报机从水中捞起，放在救生船/筏内。

(6) 5s 后开始发报（注意：陆地淡水中是 5min 后开始发报）。

水中使用的应急发报机，如图 3-42 所示。

图 3-42　水中使用的应急发报

四、注意事项

(1) 机上装备的发报机处于 ARMED 位置时，必须远离液体，不得随意拆卸；一旦发报机意外激活，立即关闭发报机并向最近的航空管制报告。

(2) 陆地使用时垂直放在较高的地方，周围不能有障碍物（注意：倾斜超过 60°时，发报机将停止工作；附近任意金属物体将影响发报机信号的输出）。

(3) 不能倒放或横放。

(4) 每次只能使用一部。

(5) 一旦启动后，发报机将在 200 英里（约 320 公里）的范围内连续发射 48～60 小时。

应急发报机如图 3-43 所示。

图 3-43　应急发报机

练习题

1. 飞机上配备的应急发报机军用、民用发射频率分别是多少？
2. 陆地上如何使用应急发报机？
3. 陆地上使用应急发报机的注意事项是什么？
4. 水上如何操作应急发报机？
5. 水上使用应急发报机应注意哪些问题？

第九节　救　命　包

每条圆形船中央都备有一个救命包，一旦水上迫降成功，撤离后应立即启用救命包里的物品开展自救，如图 3-44 所示。

图 3-44　救命包

一、认识救命包内物品

(1) 反光镜 (Signaling Mirror)。共 1 块，用于反射阳光和月光，发出求救信号。

(2) 信号筒。用于向外界发出应急信号，在救助时使用。

(3) 安全灯棒 (Safety Light)。共 4 个，用于标示船的位置，颜色为翠绿色。

(4) 海水着色剂 (Sea Dye Marker)。共 1 块，用于改变海水的颜色，发出求救信号。

(5) 海水手电筒 (Flash Light)。共 2 个，用于照明和发出求救信号。

(6) 修补夹钳 (Repair Clamp)。共 2 个，用于修补船上的破洞。

(7) 海水脱盐器。用于存放海水，放入药片净化海水，1h 后可以饮用。

(8) 刀子 (Pocket Kinfe)。共 1 把。

(9) 气泵。用于给救生船充气。

(10) 水桶、海绵 (Bailing Bucket)。用于装淡水和清除船内的积水。

(11) 晕船药 (Sea Sickness Tablet)。共 1 瓶，用于晕船时服用，每瓶 100 片，使用见瓶体说明。

(12) 消毒绷带包 (Bandage Compress)。共 1 包，用于外伤包扎。

(13) 净化水药片水淡化药片 (Water Purification)。共 1 瓶，用于对海水的淡化，使用说明见瓶体，每瓶 50 片。

(14) 饮用水 (Drink Water)。有两瓶可饮用的淡水，1 瓶 1L。

(15) 碘酒擦 (Antiseptic Swabs)。共 1 盒，用于外伤。

(16) 蔗糖 (Sucrose Candy)。共 2 条，用于补充体内糖分，滋润口腔。

(17) 唇膏 (Lip Gel)。防止唇裂。

(18) 伤膏 (Burn Ointment)。共 6 支，用于烧伤、灼伤、擦伤和虫咬。

(19) 口哨 (Whistle)。共 1 个，用于集合和发出信号。

(20) 保命书 (Survival Book)。共 1 本，用于幸存者生存指南。

二、设备使用方法

1. 反光镜使用

1) 使用方法

(1) 将反射光源照到参照物上，通过视窗孔可看到小白亮点。

(2) 慢慢地将小白点向目标移动。

(3) 通过视窗孔，使小白点与目标重叠。

2) 注意事项

(1) 在晴朗的天气下，用于反射出日光和月光。

(2) 距离近时不要再向目标反射光源。

(3) 反射距离为 14km。

(4) 将反光镜的带子套在脖子上，以防脱落。

反光镜如图 3-45 所示。

图 3-45　反光镜

2. 信号筒使用

用于向外界发出应急信号。信号筒有两种功能，即白天和夜晚。白天使用橘黄色平滑的一端，可发出橘黄色烟雾，夜晚使用红色盖子上有 3 个凸起一端，可发出红色火光。

1) 使用方法

(1) 拉动某一端触发器或 D 形金属环开关。

(2) 站在风下侧举过头顶。

(3) 使用时间为 20～30s。

2) 注意事项

(1) 操作时最好戴上手套。

(2) 放在船外使用。

(3) 拉 D 形环时，要用力、快速。

(4) 放在风的下侧，与水平方向成 45°角。

(5) 一侧用完后，用水蘸灭，另一侧可继续使用。

信号筒如图 3-46 所示。

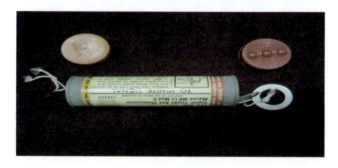

图 3-46　信号筒

3. 化学安全灯棒使用

化学安全灯棒使用于夜晚，使用方法如下。

(1) 从中间弯曲。

(2) 轻轻摇晃。

(3) 使用时间：12h；注意不要折断。

化学安全灯棒如图 3-47 所示。

图 3-47　化学安全灯棒

4. 海水着色剂使用

用于使船周围的海水变色向外发出信号，使用方法如下。

(1) 打开包装，将染料洒在船的周围，染料在水中散发绿色的荧光，可保持 45min。

(2) 在白天无风浪时使用，可持续 2～3h。

海水着色剂如图 3-48 所示。

图 3-48　海水着色剂

5. 海水手电筒使用

使用方法：打开封盖灌入海水或盐水，当光减弱时，可继续加入海水或盐水，就可以继续使用。

海水手电筒如图 3-49 所示。

图 3-49　海水手电筒

6. 修补夹钳使用

修补夹钳用于修补救生船、救生衣、水桶，使用方法如下。

(1) 松开螺栓分离夹子。

(2) 将手穿入线绳上的布环内。

(3) 将密封盖插入船的破洞。

(4) 将另一个铁盖盖在密封盖上，并将螺栓拧紧。

修补夹钳如图 3-50 所示。

图 3-50　修补夹钳

7. 海水脱盐器使用

一个海水脱盐器内有一个塑料袋和 6 包药，向塑料袋中装入海水，放入一片药，轻轻摇晃搅动，1h 后可以饮用，如图 3-51 所示。

图 3-51　海水脱盐器

8. 多功能刀使用

多功能刀如图 3-52 所示。

图 3-52　多功能刀

9. 手动气泵使用

手动气泵用于救生船充气，使用时不要解开连接绳，使用方法如下。

(1) 打开充气/放气活门。

(2) 将手泵拧入。

(3) 重复压/放手泵的风箱。

(4) 将手泵从充气/放气活门处移开。

(5) 确认充气/放气活门重新关上。

手动气泵如图 3-53 所示。

图 3-53　手动气泵

10. 水桶、海绵使用

用水桶和海绵将救生船中的水舀出，如图 3-54 所示。

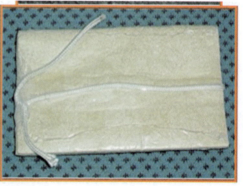

图 3-54　水桶和海绵

11. 乘晕宁使用

用于海上晕船患者，使用方法和用量如下。

成人：间隔 4～6h，每次 1～2 片，24h 内不能超过 8 片。

儿童：间隔 6～8h，每次 1/4～1/2 片（6～12 岁）。

乘晕宁如图 3-55 所示。

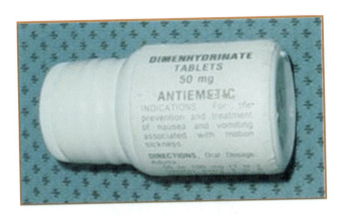

图 3-55　乘晕宁

12. 绷带和胶布使用

用于撤离时摔伤、撞伤患者等，如图 3-56 所示。

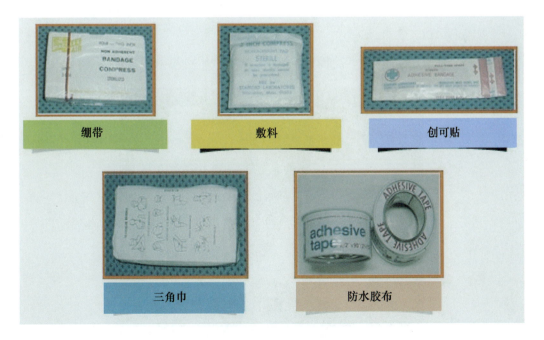

图 3-56　绷带和胶布

13. 水净化药片使用

使用方法如下。

(1) 正常情况下以 1L 水为单位，放入 1 片，10min 后经过沉淀后可以饮用。

(2) 非正常情况下，很凉或很脏。放入 2 片，20min 后经过沉淀后可以饮用。

(3) 每一瓶容量 50 片。

注意：净化淡水，无脱盐功能，不可直接吞服。

水净化药片如图 3-57 所示。

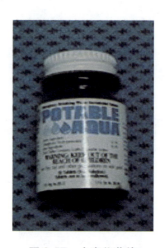

图 3-57　水净化药片

14. 软包装饮用水使用

每个救命包内有 8 袋饮用水，注意保存，必要时再用，如图 3-58 所示。

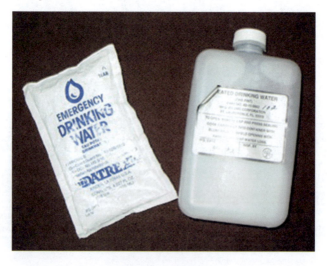

图 3-58　饮用水

15. 碘酒使用

使用时，拔下纸套，挤捏瓶体，用于涂抹伤口，如图 3-59 所示。

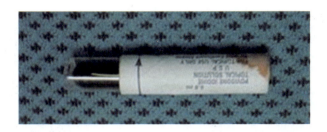

图 3-59　碘酒

16. 蔗糖使用

用于低血糖患者，如图 3-60 所示。

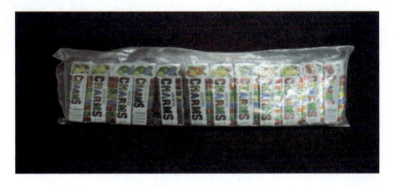

图 3-60　蔗糖

17. 唇膏使用

唇膏如图 3-61 所示。

图 3-61　唇膏

18. 救生手册/救生船和滑梯使用手册/圣经

圣经如图 3-62 所示。

图 3-62　圣经

练习题

1. 救命包储藏在飞机何处？
2. 反光镜在什么天气下可以使用？反射的距离是多少？
3. 请描述使用信号筒的方法和注意事项。
4. 海水净化药片每瓶的容量是多少片？
5. 使用信号筒有哪些注意事项？
6. 安全灯棒的作用是什么？使用的时间是多少小时？使用时应注意什么？
7. 海水着色剂的作用是什么？在海面上可保持多少小时？
8. 当海水手电筒光线减弱时如何处理？
9. 修补夹钳的作用是什么？
10. 使用海水脱盐器放入一片药片，多少小时以后可以饮用？

第十节　地板高度出口和非地板高度出口

地板高度出口指登机门和服务门，非地板高度出口指位于客舱中部两侧的应急窗，在紧急撤离时都可作为应急撤离出口使用，如图 3-63 所示。

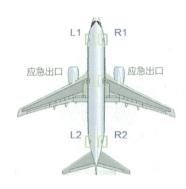

图 3-63　波音 737-800 飞机

一、波音 737-800 型飞机地板高度出口和非地板高度出口的使用

1. 地板高度出口

(1) 充气滑梯构造 (充气滑梯折叠抽真空，存放在舱门下部的滑梯包内)。

(2) 陆地撤离舱门出口 (见图 3-64) 操作方法如下。

① 确认滑梯杆固定在地板的支架上。

② 观察机外状况。

③ 将舱门手柄转到开位置。

④ 滑梯展开同时自动充气。

⑤ 拉动红色 "人工充气手柄"(Inflate Handle) 位于滑梯顶部右侧。

⑥ 确认滑梯充气状况。

⑦ 如果滑梯充气失效或漏气，可以当作软体使用。

注意：指挥乘客撤离，须在 90s 内完毕。

当飞机发生紧急情况，陆地撤离时，乘务员会迅速打开舱门，如图 3-65 所示。

图 3-64　波音 737-800 出口

图 3-65　陆地撤离

(3) 水上撤离舱门作为救生浮艇操作方法。

飞机在水上迫降时，落水者可利用充气滑梯作为救生浮艇使用，抓住浮艇两侧绳索，向安全地带划游求助。

① 确认飞机在水上停稳。

② 观察机外状况（判断水面状态并确认外界水位在机门下方）。

③ 确认滑梯杆固定在地板的支架上。

④ 将舱门手柄转到开位置。

⑤ 滑梯展开同时自动充气。

⑥ 拉动"快速释放手柄"(Release Handle) 位于滑梯顶部。

⑦ 将滑梯翻过背面，作为救生浮艇使用。

⑧ 指挥乘客入水。

⑨ 检查客舱，确认没有乘客。

⑩ 组织营救落水者。

⑪ 到达安全区域后，指挥连接各条浮艇。

⑫ 使用救生设备和求救设备。

注意： 水上撤离时当飞机在水上停稳后，机头高机尾低，2号门低于水面时，不能使用。

2. 非地板高度出口（机翼出口）

波音 737-800 型飞机客舱中部两则各有两个翼上紧急出口。一旦发生紧急情况，乘务员或援助者立即打开翼上紧急出口，指挥乘客从翼上滑下飞机撤离。

1) 陆地撤离翼上出口操作方法

从内部打开机翼出口，如图3-66所示。

(1) 用力向下并向内拉红色操作手柄。

(2) 机翼出口自动向外、向上方弹出。

(3) 判断外部情况并组织撤离。

图3-66　从内部打开机翼出口

从外部打开机翼出口，如图3-67所示。

(1) 按压位于机翼出口玻璃窗上方的推板。

(2) 舱门自动向外、向上方打开。

图3-67　从外部打开机翼出口

2) 水上撤离翼上出口操作方法

(1) 用力向下并向内拉动应急窗红色操作手柄。

(2) 舱门自动向外、向上方弹出。

(3) 判断外部情况并组织撤离。

(4) 提醒乘客将救生衣充气，从翼上出口脱出滑到海面上爬上救生船。

二、空客 A320 型飞机地板高度和非地板高度出口

A320 飞机 Ⅰ 型舱门有两种型号的滑梯：一种属于单功能撤离滑梯；另一种具有双功能，既可作为撤离滑梯又可作为救生船。滑梯/救生船载量 44～55 人。

A320 滑梯/救生船如图 3-68 所示。

图 3-68　A320 滑梯/救生船

1. 地板高度出口

1) 陆地撤离舱门出口滑梯充气操作方法

(1) 确认分离器在"Armed/预位"状态。

(2) 观察机外状况。

(3) 将舱门手柄向上提至开位置。

(4) 滑梯展开同时自动充气。

(5) 拉动红色"人工充气手柄"(Inflate Handle)，位于滑梯顶部右侧。

(6) 确认滑梯充气状况。

(7) 如果滑梯充气失效或漏气，可以做软梯使用。

注意： 指挥乘客撤离，须在 90s 内完毕。

2) 水上撤离舱门出口救生船操作方法

飞行在水上迫降时，落水者可利用充气滑梯作为救生船使用。

(1) 确认飞机在水上停稳。

(2) 观察机外状况（判断水面状态并确认外界水位在机门下方）。

(3) 确认分离器在"Armed/预位"状态。

(4) 将舱门手柄向上提至开位置。

(5) 舱门出口救生船展开并自动充气。

(6) 指挥乘客将救生衣充气上船，低姿势爬行，面对面坐好。

(7) 检查客舱确认没有乘客。

(8) 拉动"快速释放手柄"（Release Handle），位于滑梯顶部。

(9) 组织营救落水者。

(10) 到达安全区域后，指挥连接各条浮艇。

(11) 使用救生设备和求救设备。

注意： 救生船与机体分离。

a. 将滑梯顶部梯带杆 (Girt Bar) 的盖布拉开。

b. 拉动快速释放手柄 (如滑梯仍未脱落，人工解开搭扣)。

c. 用安全刀切断连接绳。

救生船如图 3-69 所示。

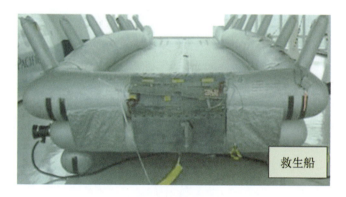

图 3-69　救生船

2. 非地板高度出口

A320 型飞机在客舱中部两侧各有两个翼上紧急出口。机翼滑梯安装在机身侧面，是向飞机尾部展开的双通道滑梯，不能做救生船使用，只为乘客和乘务员在紧急情况下陆地撤离时使用，如图 3-70 所示。

1) 陆地撤离翼上出口开启操作方法

(1) 紧急开启翼上出口舱门。

(2) 取下手柄盖。

(3) 滑梯预位指示灯亮。

(4) 向下拉操作手柄。

(5) 抓住底部扶手移开紧急出口，扔出机外。

翼上出口操作，如图 3-71 所示。

(a) 从翼上出口撤离

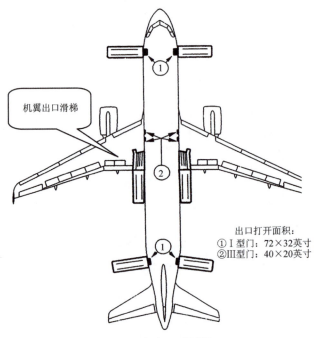

出口打开面积：
① I 型门：72×32 英寸
② III 型门：40×20 英寸

(b) 翼上出口平面图

(c) 翼上出口外观

图 3-70　翼上出口

  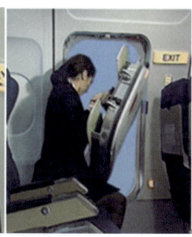

图 3-71　翼上出口开启

2）陆地撤离翼上滑梯充气操作方法

陆地撤离时打开翼上出口，滑梯将自动充气，充气时间约 3s。滑梯撤离能力设计为每分钟 60 人 / 次。

若滑梯自动充气失效，可拉动安装在翼上出口窗框内的红色"人工充气手柄"充气，如图 3-72 所示。

图 3-72　翼上出口滑梯人工充气手柄

3）陆地撤离翼上滑梯损坏后的使用方法

当机翼滑梯被损坏而漏气时，它仍可以作为撤离通道使用。

(1) 挑选身体健壮的乘客，并找出滑梯的挂钩。

(2) 把挂钩挂到机翼表面的圆环上，如图 3-73 所示。

(3) 在滑梯下抓住拉手。

(4) 乘客通过机翼滑梯撤离，如图 3-74 所示。

图 3-73 滑梯挂钩

图 3-74 翼上滑梯充气失败

4）水上撤离翼上出口逃离绳

翼上出口逃离绳共有 4 根，位于翼上出口。水上迫降或陆地迫降遇有大风时，可将机翼门框上角的逃离绳挂到机翼表面的挂钩上，以便保护撤离旅客。

逃离绳如图 3-75 所示。

图 3-75 逃离绳

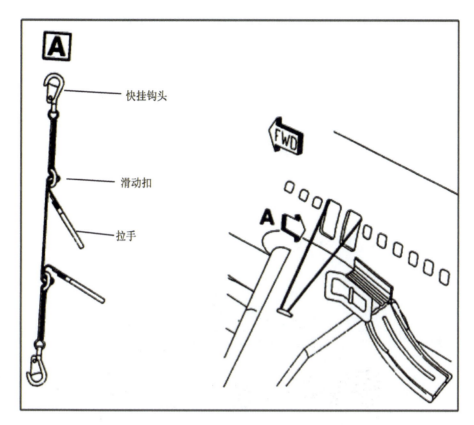

图 3-75　逃离绳（续）

(1) 打开翼上出口。

(2) 拉出 W/L 和 W/R 出口上方的逃离绳，将其扣在机翼表面的圆环上。

(3) 取出备份救生船，将连接绳扣在安全带（或逃离绳）上。

(4) 将救生船推入水中。

(5) 待救生船浮出水面后，用力拉动充气绳，使救生船充气。

(6) 指挥乘客将救生衣充气，下水后拉住连接绳上船。

(7) 切断船与机体的连接。

(8) 指挥乘客将救生船划离飞机，营救落水者，到达安全区域后连接各船，使用求救设备。

救生船如图 3-76 所示。

5) A320 型飞机上救生船与备份救生衣

救生船与备份救生衣如图 3-77 所示。

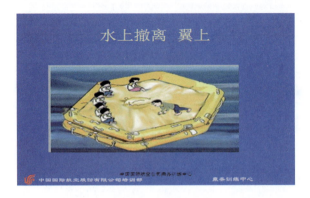

图 3-76　救生船

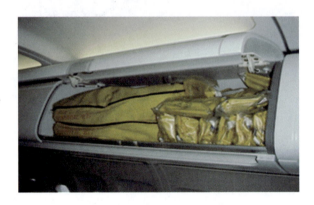

图 3-77　救生船储藏在行李箱内

练习题

1. 波音 737-800 型飞机各有多少个地板高度出口和非地板高度出口？

2. 舱门滑梯"人工充气手柄"位于滑梯的什么位置？一旦滑梯充气失效或漏气如何处理？

3. 波音 737-800 型飞机舱门滑梯自动充气的时间是多少秒？

4. 波音 737-800 型飞机水上撤离后如何操作浮艇？

5. 打开波音 737-800 型飞机翼上出口的方法是什么？

6. 请写出波音 737-800 型飞机水上撤离在翼上出口操作救生船的程序。

7. A320 型飞机 I 型舱门滑梯可以作救生船使用，每条船载量是多少人？

8. 可以使救生船与机体分离的手柄名称是什么？位于滑梯的哪个位置？

9. A320 型飞机翼上滑梯充气失败，人工充气手柄位于何处？

10. A320 型飞机翼上出口共有几根逃离绳？分别是在什么情况下使用的？

第十一节　圆形救生船

一、波音 737-800 型飞机圆形救生船数据

(1) 数量：4 条。

(2) 位置。

1 号船：F 舱顶部。

2 号船：4 排 DEF 行李箱内。

3 号船：11 排 DEF 行李箱内。

4 号船：13 排 ABC 行李箱内。

(3) 重量：103 磅 (46.35kg)。

(4) 充气时间：30s。

(5) 载量：46～69 人/船。

二、圆形救生船结构

圆形救生船由双层组成，每一层均有一套设备。

(1) 软梯和绳状梯子把手。

(2) 救助绳（救生绳长度大约 20m）。

(3) 海水电池（蓝色）。

(4) 定位灯。

(5) 海锚（长度为 20 m）。

(6) 弹簧式刀子。

(7) 充气孔。

(8) 中央仓库。

(9) 天棚（橘黄色并带有窗户）。

(10) 天棚支柱 (12 根)。

(11) 内、外助绳（白色）。

救生船结构，如图 3-78 所示。

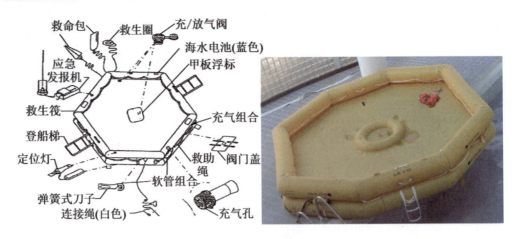

图 3-78　救生船结构

三、圆形救生船设备的使用方法

(1) 软梯和绳状的梯子把手。用于落水者抓住软梯，攀登上船使用。

(2) 救助绳。乘务员将救助绳抛出，让落水者抓住橡皮圈的一端爬上船。如果落水者失去知觉，乘务员将橡皮圈套在自己上肢的大臂处入水，将落水者营救上船。

(3) 海水电池。遇水后发生化学反应，为救生船的定位灯提供电能。

(4) 定位灯。遇水后自动发光，海上迫降后显示救生船的位置。

(5) 海锚。救生船划到安全区，顶风方向把海锚抛到水中，用于稳定船。

(6) 刀子。弹簧式开关法，用于割断船与机体连接线。

(7) 充气孔。用于给船体充气。

(8) 中央仓库。由两条拉链封住，内备有圆形救生船使用说明书、救命包、打气筒、天棚、天棚支柱等物品。

(9) 天棚。挡风遮雨防寒避晒，还可做求助信号使用。

(10) 天棚支柱。用于加宽船内空间，其中 4 根红色，用于船中央，将两根拧在一起成为一根，固定在船中央特定的两个插孔内。其余 8 根白色的用于船的边缘，带有橡胶皮和绳子一端为上方，带有卡子或卡锁另一端为下方，使用时从下向上穿。天棚支好后，将天棚边缘松紧带卡住救生船两层的中间。

注意： 系扣时要系活口，在风上侧支天棚。

(11) 天棚窗口。在天棚上有两个相对应的三角形窗口，为了防止大风、大浪进入救生船内，拉动拉锁，随时打开和关闭。

作用：救人的出入口、通风换气、对外发送信号求助。

(12) 内、外救助绳。救生船的内沿和外沿周围备有白色的救助绳，为落水者或在船内起到辅助手柄作用。

四、圆形船的使用方法

(1) 取出救生船，搬到撤离出口。

(2) 拉动开启船外包装封口绳子。

(3) 打开外包装后，可以看到绳子第一截有一个钩子，用来钩住机门把手或座椅安全带，起到固定船的作用。绳子第二截可以看到一个 D 形环，用于圆形船充气手柄，使用时将船抛出远离飞机 4m 以外，拉动 D 形环人工充气手柄，30s 内充气完毕。

五、注意事项

(1) 打开船的外包装封口，必须搬到撤离出口打开。

(2) 一根绳子三用，即打开船的包裹绳、船的充气绳、船与船的连接绳。因此，打开包裹第一步要轻轻打开，不要用力过猛。

(3) 船中央救命包挂在船帮上，用来救生和求救时使用。

(4) 救命包被多层真空包装，1～3h 不易浸湿。

(5) 船的地板上有很多英文字母、数码、点状符号等，每一项都代表着不同求救信号。乘务员可以根据当时具体情况，利用手电筒和反光镜向救助人发射信号，如三短三长三短表示 SOS。

练习题

1. 波音 737-800 型飞机圆形救生船的重量是多少磅？充气时间是多少秒？
2. 波音 737-800 型飞机圆形救生船载客量是多少人？
3. 如何使用圆形救生船上的救助绳？
4. 如何操作使用救生船上的海锚？
5. 救生船上天棚的作用是什么？
6. 请列举出救生船内的 5 种设备。
7. 如何使用圆形船？它的操作程序是什么？
8. 圆形救生船中央地板上有很多英文字母、数码、点状符号，其中 SOS 的信号是什么？

第十二节　思考与分析

一、根据飞机着陆情况选择应急出口撤离

紧急着陆机体姿态与滑梯的使用，要根据机长指示和周围环境以及飞机着陆（水）的姿态，决定哪些出口可以使用，哪些出口不可以使用。

1. 正常陆地迫降

所有出口都可使用，但必须具备以下条件。

（1）飞机在陆地迫降后机身没有断裂。

（2）发动机没有起火。

（3）周围环境不影响机上人员撤离。

（4）机上所有出口可以正常打开。

飞机正常陆地迫降，如图 3-79 所示。

图 3-79　飞机正常陆地迫降

2. 前轮和主轮全部折断时

（1）机翼出口不能使用，因为发动机触地可能引起火灾。

（2）前轮折断，所有出口都可使用，但要根据后机门离地面高度，如果滑梯与地面有距离，则不能使用。

飞机前起落架折断，如图 3-80 所示。

3. 飞机尾部拖地

所有出口均可使用，但要根据前机门离地面高度，若滑梯能与地面接触可以使用。

飞机尾部拖地，如图 3-81 所示。

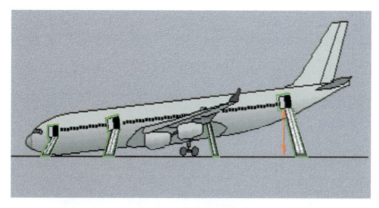

(a)

(b)

图 3-80 飞机前起落架折断

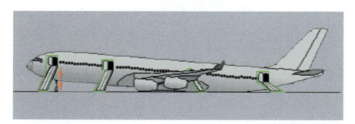

(a)

(b)

图 3-81 飞机尾部拖地

4. 飞机侧趴

靠地面一侧的机翼出口不能使用，因为主轮一侧被折断后发动机可能触地，容易引起火灾。

飞机侧趴如图 3-82 所示。

(a)

(b)

图 3-82　飞机侧趴

二、在乘客登机前应检查应急设备

乘务员登机后对照《应急检查单》检查核实应急设备的位置，确认其处于待用状态。

(1) 急救箱/应急医疗箱铅封完好。

(2) 灭火瓶处于待用状态。

(3) 氧气瓶压力指针在 1800 磅/平方英寸位置，面罩齐全。

(4) 洗手间烟雾探测器电源指示灯亮。

(5) 手电筒灯 3～5s 闪亮一次。

(6) 安全演示用具包内物品齐全并放在规定位置。

(7) "安全须知"卡、"出口座位须知"卡放在指定的位置。

(8) 救生衣的包装完好并放在规定的位置。

(9) 出口门状况良好、正常。

(10) 话筒工作正常。

(11) 防烟面罩铅封完好。

(12) 广播、内话系统工作正常。

(13) 客舱灯光工作正常。

(14) 应急灯处于待用状态（应急灯连续 2～3s 不亮，则不能运行）。

三、应急设备分布

应急设备分布，如图 3-83 所示。

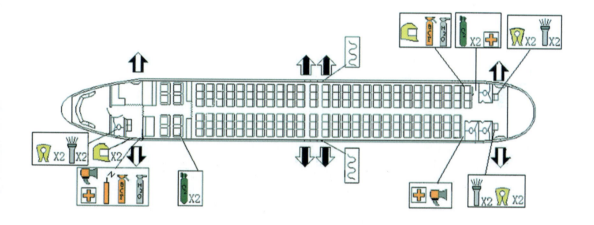

图 3-83　波音 737-800 型飞机应急设备分布

练习题

1. 滑梯自动充气不足时，可以拉动 _____ 充气。

2. 组织乘客应急撤离时，打开舱门前，应确认滑梯处于 _____。

3. 飞机侧趴，不能使用的出口是 _____。

4. 正常陆地迫降，所有出口都可使用，必须符合 _____ 条件。

5. 空客 320 型飞机有 _____ 个翼上出口。

6. SURVIVAL KIT 是指 _____。

7. 波音 737-800 型飞机的最大起飞重量是 _____ kg。

附录 A
波音 737 简介及知识拓展

简　介

波音公司 (The Boeing Company) 在全球航空业市场上拥有颇高的占有率，也是世界上最大的民用和军用飞机制造商，全球航空航天业的领袖公司，总部位于芝加哥。公司设计并制造旋翼飞机、民用和军用飞机、电子和防御系统、导弹、卫星、发射装置以及先进的信息和通信系统。

波音公司是美国国家航空航天局的主要服务提供商，运营航天飞机和国际空间站。公司下设两个业务部门：波音民用飞机集团和波音综合防御系统集团。波音公司为全球145个国家的客户提供产品和服务。40多年来，波音一直是全球最主要的民用飞机制造商。

随着1997年波音与麦道的合并，波音在民用飞机领域的传统优势因麦道系列飞机的加入而进一步加强，也使合并后的波音在民用航空领域拥有了70年的领先历史。这是一家非常多元化，人才济济且极富创新精神的企业。在美国境内及全球70个国家共有员工16万多人。员工中超过12.3万人拥有大学学历，他们来自全球约2700家大学，几乎涵盖了所有商业和技术领域的专业。波音公司非常重视发挥成千上万名分布在全球供应商中的人才，他们技术娴熟，经验丰富，为波音产品与服务的成功与进步贡献着自己的力量。

知 识 拓 展

一、波音公司的历史

波音公司成立于1916年7月1日，由威廉·爱德华·波音创建(参见图A-1)，并于1917年改名波音公司。1929年更名为联合飞机及空运公司。1934年按政府法规要求拆分成3个独立的公司：联合飞机公司(现联合技术公司)、波音飞机公司、联合航空公司。1961年原波音飞机公司改名为波音公司。

波音公司建立初期以生产军用飞机为主，并涉足民用运输机。20世纪30年代中期，波音公司开始研制大型轰炸机，包括在第二次世界大战中赫赫有名的B-17(绰号"空中堡垒")、B-29轰炸机，以及东西方冷战时期著名的B-47和B-52(绰号"同温层堡垒")战略轰炸机，B-52服役后30多年中一直是美国战略轰炸力量的主力。美国空军中比较出名的KC-135空中加油机以及E-3(绰号"望楼")预警机也是由波音公司生产的。

(此图来自 http://baike.baidu.com/picview/2754/6926516/0/f29faa8fa0ecc6fdf11f3668.html)

图 A-1　波音公司徽标及创建人威廉·爱德华·波音

20世纪60年代以后,波音公司的主要业务由军用飞机转向商用飞机。1957年在KC-135空中加油机的基础上研制成功的波音707是该公司的首架喷气式民用客机,共获得上千架订货。从此在喷气式商用飞机领域内便一发不可收,先后发展了波音727、波音737、波音747、波音757、波音767等一系列型号,逐步确立了其全球主要的商用飞机制造商的地位。其中,波音737是在全世界被广泛使用的中短程窄体民航客机。波音747一经问世就长期占据世界最大的远程宽体民航客机的头把交椅。

美国总统的专机"空军一号"也由该公司出产的波音707以及波音747改装而成。

二、波音公司飞机机型

波音民用飞机集团主要生产民用运输机,现有的主要民航飞机产品包括707、717、727、737、747、757、767、777、787系列飞机和波音公务机。提供从100座级别到500多座级别以及货运型号在内的各种民用运输机。

1. 波音707

波音707飞机(参见图A-2)是美国波音公司研制的四发远程喷气运输机。原型机于1954年7月15日首飞,最初的型号是为美国空军研制的KC-135空中加油机,经美国空军同意,公司于1957年在KC-135基础上研制成功波音707民用客机,于1958年交付使用。波音707主要型别有707-120、707-220、707-320和707-420等,中国民航曾购买10架320C,它还被改装成特种飞机。波音707共获订货1010架,生产线于1991年关闭,1992年5月交付最后一架军用型飞机。

图 A-2　波音 707

(此图来自 http://baike.baidu.com/picview/2754/6926516/0/a8362712b60a5f69f819b8ef.html)

2. 波音 717

波音 717 飞机(参见图 A-3)是专为短程客运市场而设计的,适合日益发展的支线航空市场。在外观上保留了麦道飞机 T 形尾翼和后部装发动机的特点,继承了麦道飞机机体坚固耐用的特点,并在设计上作了较大的改进,达到降低成本、提高可靠性的目的。

图 A-3　波音 717

3. 波音 727

波音 727 是美国波音公司研制生产的中短程民航飞机,是世界上首款投入商业运营的三发喷气民航飞机,在被波音 737 取代以前,是世界上最受欢迎的民航飞机。

4. 波音 737

波音 737 系列飞机是波音公司生产的双发(动机)中短程运输机,被称为世界航空史上最成功的民航客机,也是民航业最大的飞机家族。波音737系列的所有机型已获得6000多份订单,在民用航空史上,其他任何机型都未曾在销量方面获得如此巨大的成功。在获得德国汉莎航空公司10架启动订单后波音737飞机于1964年5月开始研制,采用波音707/727的机头和机身横截面,1967年4月原型机试飞,12月取得适航证,1968年2月投入航线运营。

5. 波音747

波音747飞机是波音公司生产的四发远程宽机身运输机,是一种研制与销售都很成功的宽机身客机。1965年8月开始研制,1969年2月原型机试飞,1970年1月首架波音747交付给泛美航空公司投入航线运营,开创了宽体客机航线服务的新纪元。1990年5月起,除波音747-400型外,其他型号均已停产。

6. 波音757

波音757飞机是波音公司生产的双发(动机)窄体中远程运输机。1979年3月开始研制,它与同期研制的波音767在设计、制造和操作方面具有互换性,1982年2月第一架波音757飞机首飞,同年12月取得适航证,投入航线运营。1986年12月获准双发延程飞行。可是,随着销售量于20世纪90年代末开始下跌,最终导致波音757于2005年11月28日停产。

7. 波音767

波音767飞机是波音公司生产的双发(动机)半宽体中远程运输机,主要是用来争夺20世纪80年代B707、DC8、B727等200座机中远程客机由于退役而形成的市场。1972年提出计划,与意大利、日本方面合作生产三发远程飞机,最初定名为7X7,不过该计划没有实现。随后在经过方案论证和市场调查后,波音公司于1978年2月宣布发起波音767研制计划,同年7月,获得美国联合航空公司30架波音767的确认订单后,开始全面设计研制工作,联合航空公司代表参与了设计全过程,以便更好地满足用户的要求。

8. 波音777

波音777(参见图A-4)是美国波音公司研制生产的双发宽体客机。1990年10月29日正式启动研制计划,1994年6月12日第一架波音777首次试飞,1995年4月19日获得欧洲联合适航证和美国联邦航空局型号合格证,1995年5月30日获准180min双发延程飞行,1995年5月17日首架交付美国联合航空。波音777在大小和航程上介于B767-300和B747-400之间,具有座舱布局灵活、航程范围大和不同型号能满足不断变化市场需求的特点。

图 A-4　波音 777

9. 波音 787

波音 787 梦想飞机 (Dreamliner) 是波音民用飞机集团正在研制生产的中型双发（动机）宽体中远程运输机，是波音公司 1990 年启动波音 777 计划后推出的首款全新机型。波音 787 系列属于 200 座至 300 座级飞机，航程随具体型号不同可覆盖 6500～16000km。波音强调 787 的特点是大量采用复合材料，低燃料消耗、高巡航速度、高效益及舒适的客舱环境，可实现更多的点对点不经停直飞航线。2004 年 4 月，随着全日空确认订购 50 架波音 787 飞机，该项目正式启动。经多次延期后，于美国时间 2009 年 12 月 15 日成功试飞。波音预测，在未来 20 年间，中国航空市场需要 1900 多架新飞机，价值 1650 亿美元。中国航空运输市场将以每年 7.6% 的速度增长，中国将成为仅次于美国的世界第二大民用航空市场。

三、波音与中国

1. 概述

波音与中国的渊源可以追溯到 90 多年前。1916 年，波音聘请的第一位工程师王助来自中国，他帮助波音设计了 C 型双翼机。王助先生后来返回中国，为中国航空业的早期发展发挥了重要作用。进入现代以来，波音与中国已成功合作 40 年左右。

自 1972 年起，波音与中国各航空公司、航空工业界、民航总局及中国政府建立了持久稳定的合作关系。波音致力于帮助中国发展安全、高效和盈利的航空体系，以适应中国经济发展的步伐。民用航空业对于中国的经济发展至关紧要，波音为中国提供了世界上性能最优良的飞机。波音非常乐于应邀帮助中国公司发展技能，获得认证，加入全球航空和供应商网络。中国在世界民航制造业中具有波音日益重大的责任，参与了所有波音机型的制造，包括 737、747、767、777 和最具创新意义的 787 梦想飞机。中国为 737 制造水平安定面、垂直尾翼、后机尾段、舱门、翼板、束线和其他部件，为 747 生产后缘翼肋以及 747-8 的副翼、扰流板和内侧襟翼。在 787 梦想飞机的制造中，中国同样起着重要的作用，负责制造方向舵、翼身整流罩面板、垂直尾翼前缘和面板以及其他复合材料零部件。

自 20 世纪 80 年代以来，波音从中国购买了价值超过 15 亿美元的航空硬件。这一数字在未来数年还将增长 1 倍以上。如今，5700 多架飞行在世界各地的波音飞机上使用了中国制造的零部件和组件。新的 747-400 波音改装货机项目的第一家改装中心位于中国，改装项目的很多零部件和组件在中国生产，在中国进行改装、测试和认证，并在中国交付。波音在中国投资巨大，从中国的采购大大高于业内其他任何公司。事实上，波音是中国航空工业最大的海外客户。而波音在中国最重要的投资是对人员的培训，特别是在航空安全、质量管理、企业管理和高管人员方面的培训及技术支持。

自 1993 年以来，波音与中国航空公司、中国民航总局和行业合作，为超过 37000 名中国航空专业人员提供高级职业培训，培训课目包括飞行员技巧、运营、维修工程、法规、空中交通管理、高层管理、航空公司管理和营销、制造、质量保证、金融和工业工程。重点强调了质量和安全。

波音与 3 所中国大学合作进行无线通信技术的研发。波音被公认为工业界支持中美双边贸易的领头人，在促成美国同意中国加入世贸组织的过程中起到了重要作用，并且推动了美国国会同意与中国发展正常贸易关系。波音将继续致力于发展中美双边贸易关系，推动其持续增长。波音公司是一家全球性企业和航空航天业界领袖，也是中国航空业的合作伙伴。波音将继续增加在中国的业务、投资和多方面的承诺，扩大工业合作，致力于协助中国建设安全、先进的民用航空体系，并努力寻求更多的合作机会。

2. 波音与中国——早期合作

波音与中国的渊源可追溯到 1916 年，即波音公司诞生的那一年。当时，创始人威廉·波音先生聘用了生于北京的王助先生为美国海军设计新型海上飞机——C 型飞机。王助当时刚刚毕业于伦敦的阿姆斯特朗技术工程学院和美国波士顿麻省理工学院的航空工程专业，他在波音的工作为早期飞机奠定了基础。在波音的历史上，除了波音公司聘任的首位工程师是中国人之外，还有很多令人骄傲的事件。

1935 年，中国成为美国以外第一个得到波音驻场代表服务的国家，首位派往中国的驻场代表名叫尼莫·庞塞蒂 (Nemo Poncetti)，服务于 P-26 机型。

1939年3月29日，泛美航空公司使用波音314大型客机开通了美国至中国香港的跨洋航线服务。美国北美航空工业公司在20世纪30年代为中国提供了基本教练机。20世纪30年代和40年代，中国还曾运营过一些道格拉斯海豚式DC-2和DC-3飞机。

3. 波音与中国——喷气机时代

1972年2月21日，这一举世瞩目的历史时刻，美国总统理查德·尼克松乘坐的空军一号——波音707飞机，降落在中华人民共和国境内，它标志着一个新时代的到来。同年，中国民用航空总局订购了10架波音707客机，中国开始跻身于世界主要航空公司的行列。

1979年中美关系正常化后，时任国务院副总理的邓小平飞往美国首都华盛顿进行国事访问，并在西雅图参观了波音747生产线。20世纪80年代，更多的购机订单随之而来。

1993年11月，时任中国国家主席的江泽民访问波音公司，为波音在中国的发展指出了新的方向，把重点放在培训、安全和扩大合作规模上，以及为中国提供现代化的飞机。

2006年4月，时任中国国家主席的胡锦涛在波音埃弗雷特工厂向波音员工发表演说，他说："中国同波音公司的合作堪称中美贸易合作互利双赢的真实写照。"今天，波音飞机已成为中国航空客运与货运系统的主力军。

附录 B
空客简介及知识拓展

简　介

空中客车 AIRBUS 创建于 1970 年，是由法国、德国、西班牙与英国为一体的欧洲集团公司共同研发生产。后期又有两个协作成员公司加入，荷兰的福克公司和比利时空中客车公司参与并共同开发新产品，总部设在法国南部的图卢兹。

一直以来，航空市场的大型远程民用运输机被美国波音公司的波音系列产品所垄断，为了抢夺波音公司长期以来占领的民用商业客机市场，空中客车公司于 1970 年 12 月 18 日正式在法国注册成立，并且在相距 20 年后的 1994 年 6 月又宣布了要生产超大型运输机计划，决心与波音公司展开长期的竞争。至今为止，空中客车工业公司生产的"空中客车"运输机系列产品主要有中短程宽体运输机 300 和 310、中短程窄体运输机 320、中远程运输机 330 及 340，另外空中客车 380 型 4 台发动机 550 座级超大型远程宽体客机。空客系列的出厂研发成功，极大地吸引了世界的目光，被称为"空中巨无霸"。

空客飞机是 1985 年开始进入中国市场，中国领导人曾多次访问欧洲与空客公司签订采购协议，现有 600 多架在中国内地使用。空中客车系列有 A318、A319、A 320、A321、A330、A340、A350、A380，其中 A 330 是目前最受欢迎的宽体飞机。我国现在有 70 多架。空客公司后续又研发了新的机型，A350、A380 宽体客机，现已有 35 家航空公司订购。我国南航购买了 5 架 A380，载客量 400～600 人，一架飞机价值 3 亿美元。

空客公司总裁兼首席执行官对中国的航空市场未来发展抱有极大的兴趣和信心，他展望未来曾兴奋地说："中国能够继续选择空中客车飞机来进一步加强机队建设，我们感到非常自豪，表明中国追求可持续发展的决心。空中客车公司将继续加强与中国的合作。"愿我们中国的航空事业越来越兴旺发达。

知 识 拓 展

欧洲空中客车工业公司 (Airbus S.A.S) 是欧洲一家国际合营的民航飞机制造公司，由德国、法国、西班牙与英国共同组建，1970 年 12 月 18 日在法国注册成立。公司有 4 个正式成员公司和两个协作成员公司——正式成员公司是法国航宇公司、联邦德国空中客车工业公司、英国航宇公司和西班牙的 CASA 公司，它们在空中客车公司股份中所占的比例是按它们在"空中客车"运输机研制工作量中的比例而定的，分别为 37.9%、37.9%、20%、4.2%。协作成员公司有荷兰的福克公司和比利时空中客车公司，前者未参加空中客车320项目，后者未参加空中客车300项目，但二者均在经济上对空中客车运输机的研制做出过贡献。

20世纪50年代，西方航空公司所使用的干线运输机基本上由英国、美国供应，其中美国占有绝对优势。20世纪60年代，西欧各国看到世界空运的繁荣前景，判断其中70%应属中短程航线，便有意与美国的波音和麦道飞机公司争夺这个范围的民航机市场。同时认识到只有联合起来，才能抗衡美国并使自己的航空工业生存和发展，争得广泛的国际市场。1967年9月26日，法国、英国与联邦德国政府签订协议，决定分别资助本国公司研制空中客车300型客机。300型客机是世界上第一个双通道、双引擎的飞机，比300更短的机型称为310型。从1974年5月空中客车300客机投入使用起至1984年，空中客车公司的营业状况处于创业维艰阶段，300及310在双发(动机)宽体客机市场上的销售量虽然超过波音767，但是公司产品的总销售量并不理想，没有到达到盈亏平衡点；1985年，特别是1986年后，空中客车320的订货量增长迅速，320型上应用了创新的电控飞行操作(Fly-by-Wire)控制系统，获得了巨大的商业成功，它带动空中客车公司的销售额首次超过麦道公司，成为西方第二位的飞机制造企业，仅次于波音民用飞机公司。

目前，空中客车工业公司生产的"空中客车"运输机系列产品主要有中短程宽体运输机300和310、中短程窄体运输机320、中远程运输机330及340，另外还有大量的改型飞机。值得指出的是，空中客车380型四发(动机)550座级超大型远程宽体客机的研制，使其成为全球载客量最大的客机，被称为"空中巨无霸"。一直以来，大型远程民用运输机市场被波音公司的波音747系列所垄断，空中客车公司虽然在其他机型上都有与波音公司竞争的机型，但只有在这个市场上一直是一个空白，以前曾推出的空中客车340并不能撼动波音747的绝对优势地位。为抢夺由波音747把持的大型客机市场，空中客车公司于1994年6月宣布了其超大型运输机计划，2001年年初正式定型，2005年4月27日首架380试飞成功，2006年12月12日，欧洲航空安全局和美国联邦航空局正式向空中客车公司颁发380飞机的机型适航证。目前，新加坡航空公司、德国汉莎航空公司、阿联酋航空公司、澳大利亚航空公司等已经使用380飞机开通航班。中国南方航空公司于2005年4月签订合同订购5架380，成为380在中国的首家用户，并计划于2007年年底开始交付以服务于2008年8月的北京奥运会，但是由于各种原因交付计划一再推迟，最终于2011年开始交付。

空中客车工业公司的成立与发展具有以下特点。

(1) 体现了西欧航空工业的大协作。西欧合作的目的在于争取西欧航空工业的生存和发展，用"空中客车"系列产品打破美国在大型客机方面的垄断。西欧具有较高的技术水平，但各国财力有限、市场有限，不联合则无法生存，西欧各国广泛参与了"空中客车"系列产品的研制和生产，产品销售的成功，促进了参加国航空工业的发展。目前该公司已处于世界大型民航机生产的第二位，这一成功充分证明了西欧联合的必要性。

(2) 机种选型正确，技术经济性好，是空中客车公司成功的关键。公司采取循序渐进的方式。首先，它根据西欧和其他地区的空运状况和发展趋势，选定载客 300 人左右的宽体双发客机 300 型飞机作为第一步，既有西欧市场作为依托，又有其他地区的良好市场前景，其经济效益优于同代的三发飞机和老一代客机。第二步，推出 310 型，采用双人制驾驶舱和气动效率高的机翼，使其每座的相对直接使用费低于同类客机。第三步，推出 320 型，采用电传操纵，简化驾驶舱仪表布置，可以由计算机控制飞行，由于其技术经济方面的优越性，产品交付之前就获得 483 架订货。第四步，开发 330/340 型，填补载客 250～300 人远程运输机在 20 世纪 90 年代市场的空白，从而击败了美国麦道公司生产的 MD11，并比波音 777 飞机提前 3 年开始交付用户，牢牢地占据了此机型的市场。可以看出，空中客车公司每前进一步都有在技术上超前半代的产品问世，所以获得成功。

(3) 间接得到有关各国政府的支持。空中客车公司采取"经济利益集团"的组织形式，把产品的研制和生产工作分给各成员公司，它们的所需资金则分别得到本国政府各种形式的支持。例如，法国和联邦德国政府保证，分别对法国航宇公司和 MBB 公司在 300/310/320 项目上给予支持，在各型号达到盈亏平衡点之前，其研制费用的 90% 将得到政府各种形式的贷款；西班牙政府对 CASA 公司在"空中客车"项目上的亏损也曾予以补贴。为发展 330/340 型客机，有关各国政府曾贷款 25 亿美元给本国公司。图 B-1 为空客系列飞机。

图 B-1　空客系列飞机